普通高等教育新能源科学与工程专业教材

分 布 式 能 源

主　编　毛煜东　杨开敏　陈彬剑
副主编　刘吉营　张莉莉　张其龙　刘景龙
参　编　李鑫伟　何鲁杭　朱彦龙　周世玉
　　　　庄兆意　任乐梅　张寅森
主　审　王乃华　吴葵霞

机 械 工 业 出 版 社

本书在贯彻《中国教育现代化 2035》精神的基础上，总结编者多年的教学经验并结合 CDIO 工程教育理念的实践成果，深入落实课程思政融入教学的要求，为适应当前的社会需求和新工科人才培养目标编写而成。

本书共 7 章，内容包括概述、用户冷热电负荷、可再生能源发电导论、动力系统及其主要部件、制冷机与热泵、蓄能与除湿、冷热电联产系统应用案例。

本书配有电子课件、题库试卷、视频等大量多媒体教学资源，既可用于学生自学或课外辅导，又可用于教师在多媒体教室授课，更适合线上线下混合式教学。

本书可作为高等院校工科能源动力大类专业教材，也可供其他类型学校的相关专业选用。

图书在版编目（CIP）数据

分布式能源 / 毛煜东，杨开敏，陈彬剑主编.
北京：机械工业出版社，2025.3. -- （普通高等教育新能源科学与工程专业教材）. -- ISBN 978-7-111-77602-4

Ⅰ. TK01

中国国家版本馆 CIP 数据核字第 2025X5U536 号

机械工业出版社（北京市百万庄大街 22 号　邮政编码 100037）
策划编辑：段晓雅　　　　　　责任编辑：段晓雅　杨晓花
责任校对：梁　园　薄萌钰　　封面设计：王　旭
责任印制：任维东
河北鹏盛贤印刷有限公司印刷
2025 年 4 月第 1 版第 1 次印刷
184mm×260mm・11.5 印张・281 千字
标准书号：ISBN 978-7-111-77602-4
定价：39.80 元

电话服务　　　　　　　　　　网络服务
客服电话：010-88361066　　　机　工　官　网：www.cmpbook.com
　　　　　010-88379833　　　机　工　官　博：weibo.com/cmp1952
　　　　　010-68326294　　　金　书　网：www.golden-book.com
封底无防伪标均为盗版　　机工教育服务网：www.cmpedu.com

前言

本书根据能源动力专业、新能源科学与工程专业、能源与环境系统工程专业的"分布式能源"课程的教学基本要求编写，建议学时为48。

本书主要围绕分布式能源系统的基本构成和关键技术展开，深入浅出地介绍了该领域的发展现状、运行原理、设计方法及实践应用。本书内容涵盖分布式能源系统的技术原理、设备和系统设计、运维管理等方面，同时也包括可再生能源应用技术、多能互补系统、储能技术、除湿技术、能源管理和优化等，以及当前的最新技术和趋势，包括新兴技术、创新解决方案以及发展前景，使读者能够紧跟行业发展动态，并为未来的应用和研究提供一定指导。本书内容编排着重实用性和应用性，含有丰富的设备和系统实例分析及实际应用经验，有助于读者更好地理解并应用所学知识。

参加本书编写的有山东建筑大学毛煜东、杨开敏、陈彬剑、刘吉营、张莉莉、李鑫伟、何鲁杭、朱彦龙、周世玉、庄兆意、任乐梅、张寅森，华电电力科学研究院有限公司张其龙，国网山东省电力公司电力科学研究院刘景龙。全书由毛煜东、杨开敏、陈彬剑主编，毛煜东统稿，山东大学王乃华和山东省环境保护科学研究设计院有限公司吴葵霞主审。

在本书的编写过程中，华电电力科学研究院有限公司、国网山东省电力公司电力科学研究院、新奥集团有限公司、山东港华燃气集团有限公司提供了大量帮助以及宝贵的参考资料和修改意见，特此感谢。此外，本书的编写参考了许多文献，在此谨向有关文献的作者表示衷心的感谢！

由于编者水平所限，书中错误和不妥之处在所难免，敬请读者批评指正，编者不胜感激。

编 者

目录

前言
第1章 概述 ……………………………… 1
1.1 科学用能及能的梯级利用 …………… 1
1.1.1 科学用能 …………………………… 1
1.1.2 节能 ………………………………… 3
1.1.3 能的梯级利用 ……………………… 4
1.2 分布式能源系统 ……………………… 7
1.2.1 分布式能源系统概述 ……………… 7
1.2.2 国内外分布式能源系统的发展与应用 ……………………………… 8
1.3 冷热电联产系统 ……………………… 12
1.4 冷热电联产系统的构成与分类 ……… 13
拓展阅读 ……………………………………… 15

第2章 用户冷热电负荷 ………………… 16
2.1 静态负荷和估算方法 ………………… 16
2.1.1 电力负荷指标法 …………………… 16
2.1.2 热负荷指标法 ……………………… 17
2.1.3 冷负荷指标法 ……………………… 20
2.1.4 指标法的缺陷 ……………………… 21
2.2 动态负荷的计算方法 ………………… 21
2.2.1 动态电负荷 ………………………… 21
2.2.2 动态热负荷的计算方法 …………… 23
2.2.3 动态冷负荷的计算方法 …………… 28
2.3 负荷与分布式冷热电联产系统的关系 …………………………………… 31
2.3.1 冷热电联产系统负荷的动态特征 ………………………………… 31
2.3.2 动态负荷变化与冷热电联产系统的耦合 …………………………… 31
2.3.3 分布式冷热电联产系统的构思 …… 39
2.3.4 系统容量和运行模式 ……………… 40
拓展阅读 ……………………………………… 42

第3章 可再生能源发电导论 …………… 43
3.1 太阳能发电 …………………………… 43
3.1.1 太阳能概述 ………………………… 43
3.1.2 我国太阳能资源分布的主要特点 ………………………………… 44
3.1.3 太阳能利用 ………………………… 45
3.1.4 太阳能热发电 ……………………… 46
3.1.5 光伏发电 …………………………… 47
3.2 风能发电 ……………………………… 53
3.2.1 风能概述 …………………………… 53
3.2.2 我国风能资源的特点 ……………… 54
3.2.3 我国风能资源的区划 ……………… 54
3.2.4 风能利用技术 ……………………… 55
3.3 生物质能发电 ………………………… 58
3.3.1 生物质能的定义及特点 …………… 58
3.3.2 生物质能发电技术 ………………… 59
3.3.3 生物质能的其他利用技术 ………… 60
3.4 其他可再生能源发电 ………………… 60
3.4.1 地热发电技术 ……………………… 60
3.4.2 潮汐发电 …………………………… 65
3.5 互补发电 ……………………………… 66
3.5.1 多能互补系统 ……………………… 66
3.5.2 多能互补应用技术 ………………… 69
拓展阅读 ……………………………………… 72

第4章 动力系统及其主要部件 ………… 74
4.1 动力系统概述 ………………………… 74
4.2 燃气轮机 ……………………………… 75
4.2.1 燃气轮机概述 ……………………… 75
4.2.2 燃气轮机的工作过程及原理 ……… 76
4.2.3 燃气轮机热力循环 ………………… 77
4.2.4 燃气轮机循环热效率的热力学分析 ………………………………… 79
4.2.5 燃气轮机的特点及应用 …………… 81
4.2.6 微型燃气轮机 ……………………… 83
4.3 内燃机 ………………………………… 84
4.3.1 内燃机概述 ………………………… 84
4.3.2 内燃机循环的热力学分析 ………… 84

4.3.3	内燃机的分类	87
4.3.4	内燃机的构造	91
4.3.5	内燃机的工作原理	93
4.3.6	内燃机的优缺点分析	96
4.3.7	内燃机分布式供能系统	96
4.3.8	燃气轮机系统与内燃机系统的比较	99

4.4 燃料电池 99
    4.4.1 燃料电池概述 99
    4.4.2 燃料电池的结构 100
    4.4.3 燃料电池的工作原理 101
    4.4.4 燃料电池的分类 102
    4.4.5 燃料电池的优缺点 104
    4.4.6 燃料电池的应用 105

4.5 斯特林机 107
    4.5.1 斯特林机概述 107
    4.5.2 斯特林机的工作原理及理想循环 107
    4.5.3 斯特林机的结构和分类 108
    4.5.4 斯特林机的优缺点 109
    4.5.5 斯特林机分布式能源系统 110

拓展阅读 112

第5章 制冷机与热泵 114

5.1 制冷机与热泵概述 114
    5.1.1 制冷机与热泵的概念 114
    5.1.2 制冷机与热泵的分类 115
    5.1.3 工作方式 115
    5.1.4 性能系数 117

5.2 压缩式制冷机组 118
    5.2.1 压缩式制冷机组的组成 118
    5.2.2 制冷循环的原理 118
    5.2.3 压缩式制冷剂、载冷剂和冷却剂 119

5.3 余热型溴化锂吸收式冷（热）水机组 119
    5.3.1 基本原理 119
    5.3.2 吸收式制冷 120

5.4 利用环境热源的热泵系统 129

    5.4.1 空气源热泵 129
    5.4.2 水源热泵 130
    5.4.3 地源热泵 131
    5.4.4 太阳能-水源热泵系统 132
    5.4.5 与太阳能互补的多种热泵系统 134
    5.4.6 余热利用系统 135

拓展阅读 137

第6章 蓄能与除湿 139

6.1 能量概述 139
6.2 蓄热技术 140
    6.2.1 显热蓄热 140
    6.2.2 相变蓄热 142
    6.2.3 热化学蓄热 143
    6.2.4 移动蓄热技术 144

6.3 蓄冷技术 144
    6.3.1 水蓄冷技术 144
    6.3.2 冰蓄冷技术 145
    6.3.3 共晶盐蓄冷技术 146

6.4 蓄电池 147
    6.4.1 铅酸蓄电池 147
    6.4.2 镍基二次碱性电池 151
    6.4.3 锂离子电池 155

6.5 其他蓄能技术 158
    6.5.1 物理储能 158
    6.5.2 电化学储能 162
    6.5.3 电磁储能 164

6.6 除湿 165
    6.6.1 冷却法除湿 166
    6.6.2 液体吸收剂除湿 167
    6.6.3 固体吸附剂除湿 168

拓展阅读 168

第7章 冷热电联产系统应用案例 170

7.1 全面调研 170
7.2 工艺思路和运行情况 172
7.3 利弊权衡定方案 174
7.4 系统安全性 176

参考文献 177

第1章

概述

1.1 科学用能及能的梯级利用

1.1.1 科学用能

能源是向自然界提供能量转化的物质,包括矿物质能源、核物质能源、大气环流能源和地理性能源。人类的发展离不开优质能源的出现和先进能源技术的使用。同时,能源是当前国内外高度关注的重大战略问题。

概述

未来世界能源的发展趋势呈现3个特点:①人类对能源的需求仍呈不断上升之势,2020年全球一次能源消费量较2000年增加40.11%,预计2050年全球能源需求将增加1倍,能源供应形势紧张,并且在相当长一段时间内,化石能源仍是主要的一次能源;②环境保护对能源结构的影响日趋增强,对化石燃料的长期依赖和过度开发,已经造成地球环境的严重恶化,未来的能源结构将更多的受环境保护的影响,逐步建立可持续发展的能源体系;③高新技术对能源技术发展的影响也将日益增强,以燃料多元化、设备小型化、网络化、智能化、环境友好为特征的新一代能源系统是未来能源技术发展的趋势。

世界能源需求占比及预测如图1-1所示。

我国的社会经济持续快速发展,小康目标初步实现,人民生活水平显著改善,国际地位日益提高。但是,由于人口众多,人均资源相对匮乏,能源、资源及环境问题依旧突出。我国经济自2003年进入新一轮快速增长周期以来,煤、电、油等能源出现紧缺,经济社会的发展受到能源瓶颈的严重制约。未来我国石油对海外资源的过度依赖和国际能源市场不可预测的能源安全问题,也给我国经济的可持续发展敲响了警钟。与此同时,环境压力要求我国逐渐降低煤在整个能源体系中的比重,利用全球油、气资源加快对煤的替代,同时加大可再生能源的开发,使能源结构向有利于环境的方向转变。

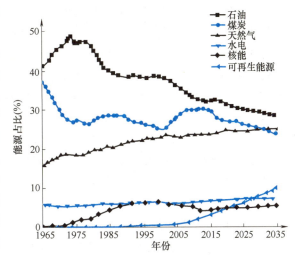

图1-1 世界能源需求占比及预测

分布式能源

目前，我国的能源利用率只有约33%，比国外先进水平低10个百分点左右，相当于每年多消耗4~5个大庆油田的原油产量。根据人均GDP为1万美元时人均能耗的统计指标，美国在20世纪60年代达到这一指标时人均消耗8t多标准煤。到20世纪70年代，英国也达到这一水平，人均消耗标准煤降到6t多。20世纪80年代，日本人均GDP达到1万美元时，人均消耗标准煤4.1t，20世纪90年代末韩国实现这一目标时，人均能耗3.9t标准煤。我国历年人均GDP与人均一次能源消耗如图1-2、图1-3所示。

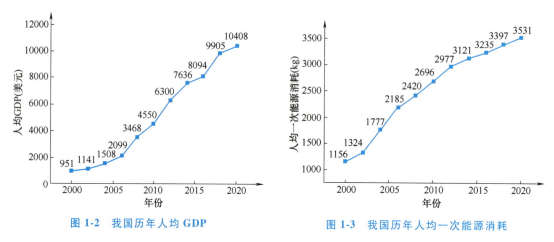

图1-2　我国历年人均GDP　　　　　图1-3　我国历年人均一次能源消耗

我国终端电力用户使用的电能，除了少量电力从自备发电机组获得外，几乎全部来自电网，而电网的电力主要来自火电机组。我国现有主力火电发电机组在获得电力的过程中，输入能量的大多数未被有效利用即被释放到环境中，能源的利用效率低下。这些主力机组大多数采用蒸汽朗肯循环，使用的燃料主要为煤。电厂效率低下会带来以下一系列的严重问题：为了满足用户的电力需求需要消耗更多化石燃料，这对社会可持续发展造成了很大的负面影响；煤的直接燃烧会带来严重的环境污染问题，包括粉尘、酸雨以及大量的温室气体等。随着我国社会、经济的快速发展，用电需求将大幅增加，火电机组和电网的规模也将不断扩大，与此同时电网事故带来的潜在危害也在不断增加。

截至2022年12月末，我国火力发电累计装机容量为13.32亿kW，占总装机容量的比重为51.96%。从绝对数量看，火电仍是电源结构的主力。从发电量看，火电发电量占总发电量的比重从2011年的81.34%下降至2022年的66.55%。由于在相同的装机容量情况下，火电输出稳定，受外界环境影响较小，而新能源发电由于装机地区差异和自身特征，面临着利用率较低、受环境影响较大的困境，影响利用效率，因此2022年火电装机容量虽然只占总装机容量的51.96%，但发电量占比却高达66.55%，火电依然是电源结构的主力。2022年全国一次能源生产总量达到46.6亿t标准煤，同比增长9.2%。非化石能源发电实现新突破，2022年非化石能源发电装机容量达到12.7亿kW，占比达到49.6%。风电、光伏新增装机突破1.2亿kW，发电量首次突破1万亿kW·h。

总体考虑，我国能源建设存在以下问题：

1）能源需求迅速增长，供需矛盾尖锐。我国化石能源资源不丰富，人均占有量低，随着经济和社会的迅速发展，供需缺口不断扩大，能源供应紧张问题将日益突出。

2）能源结构不合理，优质清洁燃料所占比例低。

3）能源利用效率较低。
4）环境污染严重，减排治污、保护生态的任务重。
5）国际竞争逐年加剧，能源安全问题突出，全球化战略势在必行。

可以说，能源问题是制约我国经济和社会长期发展的瓶颈，是必须始终高度重视的重大问题。

1.1.2 节能

节能包括节约和科学用能两个层面的含义。节约是指通过倡导勤俭节约等宣传教育手段，以及减少跑冒滴漏、制定节能规范等管理手段，提高人的自觉性和节能管理水平，以达到节能的目的。节能的另一个层面是科学用能。科学用能从能的梯级利用、清洁生产、资源再循环等基本科学原理出发，寻求用能系统的合理配置，深入研究用能过程中物质与能量转化的规律及应用，达到提高能源利用率和减少污染，最终减少能源消耗的目的。

科学用能强调依靠科学技术来节能和提高能源利用率，旨在全面、切实地推进循环经济的发展，是实现节能的根本途径，是能源科技发展的必然结果。科学用能主要包含3个层面的含义：①通过梯级利用的方式，不断提高能源及各种资源的综合利用效率，降低环境和资源代价；②在能源利用的同时，分离、回收污染物；③实现资源再循环，最大限度地减少废物和废能。科学用能强调"科学技术是第一生产力"，既强化包括能量和物质转化规律、能量转换技术和新型能源系统等在内的能源科学基础研究，又从系统科学角度，对用能的全过程和各个环节进行分析、研究，综合得出结论，进而采用高新技术实现能源与资源的科学利用，通过梯级利用原理实现能源的科学配置。建立能源需求侧管理、合同能源管理、能源服务公司、综合资源规划以及环境排放和资源利用的各种交易机制等多种符合市场经济规则的管理运营机制，实现能源的科学管理，最终有效突破我国经济发展中的能源与环境瓶颈，实现社会和经济的可持续发展目标。

目前，国际能源利用技术取得了诸多重大进展。其中，分布式能源系统、可再生能源和资源综合利用等新技术，都具有降低能源输送环节损耗、扩大能源梯级利用范围、适应能源需求变化调节的特点。此外，还有大量的新兴能源利用技术可以有效提高能源利用效率、减少环境污染。如新型可再生能源技术，可以减少对化石能源的依赖，也为建筑节能提供了有效的技术手段；煤炭的综合利用技术，实现了液体燃料、化工产品和能源动力的多联产，可以更洁净、高效地利用化石能源；固态照明技术将大大减少照明用电，引发新的照明技术革命；新型精确供能技术可以更加有效地实现节能等。与此同时，在用能管理方面也涌现出了大量新方法、新机制、新模式，与之相关的法律、政策等也日益发展完善。

为了从长远上解决我国的能源问题，推动我国节能工作的深入进行，必须实施全社会的科学用能战略，包括开展节能和科学用能的宣传和教育，制定并完善市场经济条件下有关节能和科学用能的法律、法规和政策，并对我国的能源利用情况进行详细、可靠的调研，分析、总结节能的现状和科学用能的主要方向，清理、筛选、集成和推广现有的节能和科学用能的有效方法、技术和措施，制定产品的能耗标准，强制执行，并实行严格的惩罚制度和建立有效的管理机制等。更主要的是依靠科学技术，按照科学发展观，抓住重点领域和部门，对高耗能产业进行深入分析和研究，针对共性科技问题，加强基础性研究，提出科学用能的新思路、新理论、新机制、新方法和新技术；同时，注意引进国外先进的节能技术，尽早消化、吸收和国产化,并进一步发展提高。

1.1.3 能的梯级利用

1. 能的梯级利用

自然界中能源的存在形式多种多样,如燃料的化学能以及太阳能、风能、核能等。虽然可以概括地说,能仅以热和功的形式被转换,但功的形式有很多种,能源需要通过转换而被人们利用,对于不同存在形式的能源和不同的转换目标,能的转换方式也不尽相同。能的主要转换方式是化石燃料向热和电力的转换。在转换和利用各种形式的能源时,人们通常更多关心能量的平衡问题,即能的数量问题。如对于锅炉供热,人们关心燃料燃烧释放的化学能是否尽可能多地转换为热;对于电站,人们关心燃料是否尽可能多地转换成电;对于制冷机,人们则关心输入一份电可以输出几份的冷等。虽然热力学的解释"能量既有数量又有品质的差别"不易理解,但明显的是,等量的电比热更"好用"(电可以方便地、100%地转变成各种温度的热),等量的1000℃热能比300℃热能可以做更多的功。功被认为是能的完美形式,其品质是最高的。无论多高温度的热也不可能全部转变为功,所以热的品质依其温度而定。能量可以转变为功的最大做功能力称为㶲。显然,各种能的形式品质高低,依其含有㶲的多少而定。

只有综合考虑能量的数量和品质两方面的属性,才能够科学地判定能量是否得到了充分的利用。实际上凡是以一定方向和一定限度进行的过程,比较过程前后状态可以发现,能量品质发生了下降。这一能量品质的"贬值"称为过程的不可逆损失。衡量"贬值"的量是过程前后状态㶲的减少值,又称为㶲损失。能的梯级利用原理就是针对如何减小这种品质"贬值"的能量利用指导原则。所谓"梯",即热力学第二定律所指出的,能量品质存在高低差异,是呈梯次的;而"级"则指出,只有逐级地利用或转化能量,并尽量缩小两级之间的差异,才能够实现能量的有效利用。

能的梯级利用原理大致经历了两个发展阶段:第一阶段以物理能的梯级利用为核心,其经典表述为"温度对口、梯级利用";第二阶段以化学能与物理能的综合梯级利用为核心,可以表述为"品位对口、梯级利用"。在《国家中长期科学和技术发展规划纲要》中,第一个优先领域为能源,在其第一项优先主题"工业节能"中将能源梯级综合利用技术作为重点研究方向。能的梯级利用原理及技术已经在我国能源科技发展中发挥了重要作用。

以下是一些具体的能源梯级利用的方法。

1)能源效率改善。通过采用节能技术和设备,优化能源使用流程,减少能源浪费,提高能源利用效率。

2)智能电网建设。构建智能电网系统,通过实时监测和调控电力需求和供应,平衡电力负荷,减少能源浪费。

3)可再生能源利用。发展并大规模利用太阳能、风能、水能等可再生能源,逐渐替代传统的化石燃料能源,减少温室气体排放。

4)能源多元化。减少对某一种能源的依赖,推广多种能源的利用,包括太阳能、风能、核能、生物能等,并将其合理整合利用。

5)储能技术发展。研发和推广储能技术,包括电池储能、水泵储能、热储能等,解决可再生能源不稳定性的问题,提高能源利用效率。

6）能源管理系统。建立完善的能源管理体系，通过监测、分析和优化能源使用数据，进行科学决策，实现能源的最佳利用。

7）能源政策与法规支持。制定和执行相关的能源政策和法规，鼓励和支持清洁能源发展，推动能源的梯级利用。

8）能源交流与合作。加强国际能源领域的交流合作，共同研究和推广可持续能源技术，实现全球范围内的能源梯级利用。

9）能源的梯级利用是一项长期而复杂的任务，需要政府、企业、学术界和公众共同努力，促进技术创新、政策支持和意识改变，实现可持续发展和环境保护。

2. 物理能的梯级利用原理

热力循环的发展有两个阶段：第一阶段是提高蒸汽初温来提高效率，但上升空间随温度上升越发不明显，难以突破50%；第二阶段是联合循环（燃气轮机和蒸汽轮机联合），达到梯级利用，整个实际效率可超过60%。

第一阶段的核心问题是依靠提高循环初参数来提高效率，如蒸汽 Rankine 循环从常规亚临界蒸汽循环发展到超临界循环。燃气轮机 Brayton 循环从最初的循环初温800℃发展到当前超过1400℃的 H 级机组。Rankine 循环和 Brayton 循环的 T-S 图分别如图 1-4a、b 所示。虽然循环初参数的提高可以在一定程度上提高循环效率，但是，随着循环初参数的不断提高，在高温区（温度超过1200℃时）卡诺循环效率随温度上升的趋势逐渐平缓，上升空间变窄。这种特性造成的结果是：一方面，由于受到材料等技术困难的限制，循环初温的提高越来越难以实现，每提高一点都要付出高昂的投资代价；另一方面，循环初温提高带来循环效率的提升却越发不明显。显然，简单通过提高循环初参数来提升循环性能的技术手段已经很难取得突破性的进展。如图1-4a 所示，简单常规蒸汽循环的工作温区在30~600℃。根据卡诺定理，工作在此温区内的循环效率上限为63%左右。而由于受到循环工质热力学特性的限制，实际蒸汽循环的热转功效率通常在45%以下，即使最为先进的超临界机组也无法突破50%。另一方面，

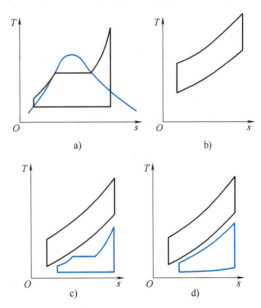

图 1-4 循环的 T-S 图

a）Rankine 循环　b）Brayton 循环　c）Brayton 循环和 Rankine 循环组成的联合循环　d）Brayton 循环和 Kalina 循环组成的联合循环

如图 1-4b 所示，目前先进的通用 H 级燃气轮机简单循环的工作温区为590~1400℃，其热转功效率上限为48%，实际循环效率则接近40%。可见，无论简单蒸汽循环或是简单燃气轮机循环，其热转功效率均无力突破50%。

热力循环的第二个发展阶段，也是更重要的阶段，即循环复合化的发展。按照物理能梯级利用原理，热力循环效率的提高已经不再单纯依靠提高循环初参数来实现，而是侧重于不同循环的有机联合来扩大循环工作温区，并减少排热损失。

上述简单蒸汽循环与简单燃气轮机循环的工作温区恰好可以用构成二者的联合循环，实现能的梯级利用。蒸汽循环主要位于中低温区，而燃气轮机循环主要位于高温区，二者具备实现梯级利用的必要条件。联合循环的本质是将简单蒸汽循环与简单燃气轮机循环结合起来，利用燃气轮机循环（顶循环）高初温的优势，由燃气轮机将高品位的烟气热先转化为一部分功输出；同时，利用燃气轮机的排烟产生蒸汽，驱动蒸汽轮机做功，从而充分发挥了蒸汽循环（底循环）高压比、低排热温度的优势。图 1-4c 为 Brayton 循环和 Rankine 循环组成联合循环的 T-S 图。通过燃气轮机与蒸汽轮机的组合，联合循环的工作温区扩大为 30～1400℃，相应的卡诺循环效率提高到 81%，而实际联合循环的热转功效率已经接近 60%。显然，物理能（热）的梯级利用是复合循环相对于简单循环取得性能飞跃的根本原因。

联合循环的实际效率与相同温区的理想卡诺循环效率之间仍然有近 20% 的差距，主要原因是顶循环排烟的放热过程与水在底循环蒸发器（余热锅炉）中的吸热过程匹配不良，从而造成了较大的不可逆损失。基于物理能的梯级利用原理，进一步提高联合循环性能的重点是完善顶循环的放热过程与底循环的吸热过程之间的换热匹配，减小换热过程的品位差。联合循环改进为双压甚至三压蒸汽发生器，以改善换热过程匹配，但系统复杂程度与投资也随之增加，效果却不明显。采用 Kalina 循环的联合循环与常规联合循环的本质区别在于 Kalina 循环的循环工质不是纯水蒸气，而是氨水混合工质，从而更加容易与顶循环热源的放热过程相匹配；同时循环内部也实现了更为完善的热力学循环耦合。Brayton 循环和 Kalina 循环组成的联合循环 T-S 图如图 1-4d 所示。通过选择不同组分、不同浓度的混合物，吸热工质可以具有与放热热源最接近的换热特性，从而达到最佳的换热过程匹配。研究表明：Kalina 循环与燃气轮机组成的联合循环总效率比 Rankine 循环为底循环的联合循环效率提高了 5% 以上。

3. 化学的梯级利用原理

长期以来，热力循环的研究大多仅仅关注物理能范畴内的热功转换过程。随着以物理能梯级利用为核心的热力循环研究不断进步，物理能的利用潜力逐渐发挥，系统性能提升空间也随之减小。分析大多数热力系统可以发现，能量品位损失最大之处并非发生在物理能的传递与转化过程，而是发生在燃料化学能转化为物理能的燃烧过程（或者说燃料的化学能释放过程），因此在涉及化学反应的能量转换和利用的场合，有必要将物质的化学能与物理能区别开来。然而，化学能的转化过程已超出了传统热力循环所研究的范畴，仍然依靠物理能梯级利用原理将无法解决这一问题，需要用化学能与物理能的综合梯级利用原理来指导能源系统的开拓与创新。在能源动力系统中，物质化学能通过化学反应实现其能量转化。因此，物质化学能的转化势必与其发生化学反应的做功能力（吉布斯自由能，G）和物理能的最大做功能力紧密相关。

化学能与物理能梯级利用原理是指在物理能梯级利用的基础上，综合考虑物质化学能、化学反应吉布斯自由能与物理能的最大做功能力之间的关联性，及其品位的量化关系，将物质化学反应的做功能力与物理能做功能力一并纳入能的综合梯级利用框架内，实现化学能与物理能的综合梯级利用。

化学能与物理能梯级利用方法和传统直接燃烧方式有所不同。如燃料先经过一个吸热反应过程，转变为合成燃料，吸收的反应热来自低品位的物理能——热能，然后再通过一个放热反应释放出高品位热能。总的效果是提高了燃料的热值，提升了反应热的品位，同时也相对直接燃烧过程减少了损失。

化学能与物理能综合梯级利用原理为研究新型燃烧过程、开拓化工—动力多联产等能源与环境相容的新一代系统提供了广阔的空间。随着科学技术的进步，能源动力系统由实现物理能梯级利用的简单循环发展到联合循环，并将进一步发展到通过化学能品位和物理能品位有机结合的清洁燃料间接燃烧、化学链燃烧的热力循环和化工—动力多联产等实现燃料化学能的品位综合梯级利用。对于冷热电联产（Combined Cooling, Heating and Power，CCHP）系统，随着系统集成程度的提高，也可以实现化学能与物理能的综合梯级利用，如集成了燃料间接燃烧、物理能的化学储存等过程的冷热电联产系统。

分析发现，燃烧释放热量这一初始环节，往往更容易造成能的品位损失。纵观工程热力学，很少涉及化学能转换。将化学能与物理能综合梯级利用，会更好地提高利用效率。

1.2 分布式能源系统

1.2.1 分布式能源系统概述

分布式能源系统的优势、特点

分布式能源系统（Distributed Energy System）是一种新型的能源系统，它一般建于用户附近，减少了输配系统投资和能量损失，是更高效、更可靠和更加环保的能源系统。分布式能源系统包括高效热电联产、就地式可再生能源系统以及能量循环系统（包括利用废气、余热和压差来就地发电），同时这些发电系统能在或靠近消费的地点提供电力，而不论其项目大小、燃料种类或技术，也不论该系统是否与电网联网。分布式能源系统形式多样，如微型或小型燃气动力装置发电、风力发电、光伏发电、太阳能高温集热发电、燃料电池等独立电源技术，燃料电池—燃气轮机联合循环以及分布式冷热电联产系统等。国际分布式能源联盟于 2002 年成立，并提出了上述界定。

最早的热电联产技术可追溯到 1875 年，德国汉堡发电厂将发电的余热供给周围工厂和住宅用暖。第一次世界大战以后，丹麦、瑞士、法国等相继采用该系统并逐步普及。第二次世界大战以后，除巴黎采用蒸汽外，大部分区域供热采用高温水代替蒸汽，形成以民用住宅采暖为主的区域集中供热系统。美国也很早就开发出热电联产技术，65.5% 的集中式供热工厂是以热电联产方式运行的。苏联是热电联产最发达的国家，早在 20 世纪 70 年代已经拥有了 400 多座热电厂。我国的热电技术是从苏联引入的，1958 年北京建成第一座热电厂，供给工业用蒸汽和附近街道住宅采暖用热水。1978 年后，为改善环境污染，热电联产型的供热方式作为环境工程而迅速发展，哈尔滨、沈阳、大连等地相继出现了超大规模的热电联产型集中供热系统，并逐步扩至南方城市。

日本的热电联产起步较晚，20 世纪 70 年代后，由垃圾焚烧发电系统变成热电联产式系统，并开发了各种类型的中小型热电联产系统。

20 世纪 90 年代后期，随着国家能源结构调整步伐的加快，尤其是天然气供应的逐步充足，在国内一些城市开始了天然气 CCHP 技术的示范性建设，比较典型的如上海浦东国际机场和北京燃气集团大楼等。

从供电层面，分布式能源系统相对于传统的集中式供电，将发电系统以小规模（千瓦至兆瓦级小型模块式)、分散式的方式布置在用户附近。当今的分布式能源系统主要是指用液体或气体燃料的内燃机、微型或小型燃气轮机(Microturbine)和其他小型动力装置，如燃料电池等为核心组成的总能系统。因其具有良好的环保性能，分布式能源系统与"小机组"已不是同一概念。与集中供电电站相比，分布式供电具有以下优势：①没有或很低的输配电损耗；②无须建设配电站，可避免或延缓增加的输配电成本；③适合多种热电比的变化，可使系统根据热或电的需求进行调节，从而增加设备年利用小时；④土建和安装成本低；⑤各电站相互独立，用户可自行控制，不会发生大规模供电事故，供电可靠性高；⑥可进行遥控和监测区域电力质量和性能，非常适合对乡村、牧区、山区、发展中区域以及商业区和居民区的电力供应，大幅度减轻环保压力。

20世纪初以来，电力行业流行的观点是发电机组容量越大效率越高、单位千瓦投资越低发电成本也越低。所以随着能源产业的发展，电力工业的发展方向是大机组、大电厂和大电网。但是，在许多情况下，分布式能源系统是集中方向来提高能源综合利用率、改善能量系统的热经济性、满足用户的多种需求、减少环境污染的。分布式能源系统目前的主要发展方向之一就是冷热电联产。从原动机分类而言，目前分布式能源的研究主要有以下方面：先进的燃气轮机和微型燃气轮机，目前燃气轮机系统效率为25%~32%，下一代燃气轮机效率不低于40%；要求在没有燃后控制的情况下，减少氮氧化物和一氧化碳的排放。分布式冷热电联产系统是供电不可缺少的重要补充，二者的有机结合是未来能源系统的重要发展方向。

国家发展和改革委员会定义分布式能源为"分布式能源是近年来兴起的利用小型设备向用户提供能源供应的新的能源利用方式"。与传统集中式能源系统相比，分布式能源接近负荷，不需要建设大电网进行远距离高压或者超高压输电，可以大大减少线损，节省输配电建设投资和运行费用；由于兼具发电、供热等多种能源服务功能，分布式能源可以有效地实现能源的梯级利用，达到更高的能源综合利用效率；分布式能源设备起停方便，负荷调节灵活，各系统相互独立，系统的可靠性和安全性较高；此外，多采取天然气为燃料或可再生能源为能量来源，更加环保。美国能源部对分布式能源的定义与集中式能源的区别在于以下几个方面。

1) 分布式能源是小型的、模块化的，规模为千万到兆瓦级。

2) 包含供需双侧的技术，如光电系统、燃料电池、燃气内燃机、燃气轮机、热力驱动的供热制冷系统等。

3) 一般位于用户现场或附近，如分布式能源装置可以直接安装在用户建筑物里，建在区域能源中心或附近。

分布式能源系统中的"小型"包含两个意思：一方面，分布式能源所涉及的新型发电技术本身容量不大，但随着技术的不断发展，尤其以燃料电池为代表，其发电容量不断增加；另一方面，有些国家的排放标准是以年排放量规定的，为了避免排放超标，而不得不采用一些小的发电装置。所以，从容量来界定分布式能源是不客观、不可持续的。

1.2.2 国内外分布式能源系统的发展与应用

近年来，世界上许多发达国家纷纷研究和开发以天然气为燃料的小型或微型的能源技术和分布式冷热电联产系统共同构架的第二代能源系统，力图将能源利用和环保水平提高到一个新的层次。

1. 国外分布式能源系统的发展与应用

分布式能源起源于19世纪80年代，1882年，美国纽约出现了以工厂余热发电满足自身与周边建筑电、热负荷的需求，成为分布式能源最早的雏形。针对冷热电联产，美国于1999年提出"CCHP创意"和"CCHP2020年纲领"。该计划拟在20年内大力推广分布式冷热电联产系统。如规定2000年制订出技术与政策引导方案，开发设计工具、评估系统、软件及案例分析，以减少设计团体的风险。通过案例分析、财务分析等对工业决策机构进行CCHP选型和效益分析指导，消费者的价值/需求的认知度达到目标决策者所要求的25%，每3年实现市场占有率翻番，建立CCHP的信息交流系统，建立建筑物资源效率计量体系等。2005年完成行业法规、税收优惠政策制定，碳化物排放交易以及合理的电力价格，并建立200个示范工程。到2010年实现20%的新建商用建筑采用CCHP，5%的已建商业/学院采用CCHP，25%的美国能源部热电联产（CHP）项目用户使用CCHP；到2020年达到50%的新建商业设施与大学设施采用CCHP，15%的已建商业设施与大学设施采用CCHP。2001年在其国家能源政策中进一步明确鼓励。将冷热电联产技术用于工业锅炉、能源系统和小型建筑物等方面，并给予热电联产10%~20%的税收优惠和简便的审批程序等政策性鼓励。随着对能源利用率以及环境、经济效益追求的不断提高，冷热电联产显现出了能源利用效率和经济性方面的优越性，对环境和经济发展更加有益。从热电联产走向冷热电联产是在能的梯级利用原理指导下的必然选择。

为此，美国从规范电力市场、政策激励和引导等方面鼓励发展热电联产及冷热电联产。早在1978年，美国的公共电网管理政策法就允许达到一定能效和热电比运行要求的非公用电力公司的热电联产机组把电出售给电力公司，实现了电力市场的竞争格局，后来又建立了竞价上网的机制以规范电力市场。1987年美国颁布了《能源政策法》，规定电力公司必须收购热电厂的电力产品，其电价和收购电量以长期合同的形式固定，1990年后又允许热电厂将其电力直销用户，电力公司只收相应的电网费用。

在天然气冷热电联产领域，美国做了很多开发研究和商业化运作。天然气、电力和暖通空调等能源和制造行业广泛深入的合作，对冷热电联产技术在美国的发展起到了极大的推动作用。尤其是楼宇式冷热电联产在美国发展迅速，采用冷热电联产系统的学校、大型超市高层写字楼等大型建筑不胜枚举。如美国目前已有马里兰大学、密西西比教会医疗中心重尼维尔公司大楼、华盛顿水门饭店等一系列较著名的实际工程。美国能源部的统计资料显示，2000年美国的建筑领域能耗已占到美国全部一次能源消耗量的37%左右，而且建筑领域能耗在全部能耗中的比例在今后20年内预计不会有太大的变化。通过CCHP的节能效果可以帮助美国实现CO_2减排19%的目的。2009年底，美国热电联产机组装机总容量约8500万kW，占比为9%，发电量约占12%。预计2030年热电联产机组装机总容量将实现2.4亿kW。美国分布式能源发展得益于相对较低的天然气价格。

日本是一个能源极度缺乏的国家，以注重节能著称。1970年发生石油危机后，日本大力推行节能政策，此时日本一次能源消费与GDP比例已为世界上最低值。在1972年设立了日本热能源技术协会，于1978年成立了节能中心，全面协调和指导国民和企业的节能以及节能技术的研究开发。1979年，日本颁布实施了《节约能源法》。自1978年起，日本发起"日光计划"和"月光计划"，前者侧重新能源开发，后者侧重节能技术，投入巨大研发经费，实现节能技术飞跃，许多领域达到世界领先水平。30年间，日本能源消费中能源效率

分布式能源

提高了30%。21世纪，日本政府计划进一步提高能源利用效率，通过技术创新提高能效，到2030年将能源消费减少30%以确保届时其能源供应稳定。为了新的目标，日本又分别于1998年和2002年对《节约能源法》进行了修改。2011年，"3.11"大地震后，日本福岛受损的核电机组发生泄漏，对周边国家波及严重。此后，日本也在大力发展分布式能源。

在欧洲，自1973年能源危机之后，就出现了各种独立的小型发电技术，以其节能效果替代了传统产品，市场的巨大动力推动了热电联产技术在住宅和服务行业的应用。但是由于主要受到政策、技术和行业垄断（如电力）的限制，早期的冷热电联产系统发展不尽如人意。近年来，随着全球一体化进程的推进，能源与环境问题的压力和《京都议定书》的生效，欧洲重新将冷热电联产系统等高效节能技术摆在了优先发展的位置。

欧洲分布式能源发电量占总发电量的9%，其中丹麦、荷兰、芬兰均可达到30%以上。欧盟的燃气分布式能源发展以德国为代表。德国对燃气分布式发电的补贴及保护政策较大，并积极发展可再生能源，大力利用低碳能源同时逐步压缩核电。欧盟各国也纷纷采取不同方式鼓励发展小型热电联产及冷热电联产系统，如法国对热电联产系统投资给予15%的政策补贴等，欧洲委员会已经批准了强制购买热电联产和可再生能源发电的政策等。此外，CDM（碳贸易）也是欧洲各国发展冷热电联产系统的主要驱动力之一。随着安装在用户附近的小型热电联产的大量使用，冷热电联产系统也将随之在欧洲得到快速发展。

2. 国内分布式能源系统的发展与应用

我国在1995年开始分布式能源的冷热电三联产应用，由于起步较晚，与国外相关技术的应用差距较大。但近几年，国家能源局、国家发展和改革委员会等陆续出台了对分布式能源发展尤其是天然气分布式能源发展的指导意见，对今后我国的分布式能源发展具有里程碑意义。

随着生活水平的提高，人们对建筑热舒适性的要求越来越高。例如：我国传统不供暖的陇海线以南地区出现了供暖或生活供热需求，全国夏季对制冷负荷的需求也在日益增长；对室内温度和空气清新程度要求的增加将导致对室内空气施加更多的控制，因而也增加了能量需求；生活辅助设施的不断完善以及娱乐设施的发展，对建筑中的冷、热量供应也会产生一定的影响。这些因素共同作用，导致对建筑用冷、供热负荷的需求不断增加。由于电力压缩式制冷系统的广泛使用，夏季制冷用电负荷也在不断增加。2002年全国空调高峰负荷已达到45GW，相当于2.5个三峡电站建成后的满负荷出力，到2020年空调高峰负荷相当于10个三峡电站的满负荷出力。制冷负荷存在很强的季节性，甚至在每天的不同时段都明显不同。电网的峰谷差值因此而趋于增大。制冷用电负荷还造成了电网负荷剧烈波动，而这只能通过燃煤发电机组的调峰来解决。这些机组变工况性能一般较差，从而使发电煤耗大幅增加，机组性能下降。此外，频繁的调峰对电网和发电机组的安全运行也会带来一些负面影响。制冷用电负荷通过燃煤机组解决，还增大了对燃煤机组的需求，相应的也增加了污染问题。在今后相当长的时期，我国应用中的制冷机组还将是以压缩式机组为主。近年来随着吸收式制冷机组性能和安全性的不断提高，蒸汽型或直燃型吸收式机组也得到了一定程度的应用。蒸汽型或直燃型吸收式制冷系统以热为驱动力，减少了对电力的需求，对电网的削峰填谷有一定的作用。但是当那些驱动热能直接来自于燃料的化学能时，与锅炉类似，也是将高品位的燃料能量直接转换为低品位的热能，损失相当严重，能量利用效果也不佳。

近年来每逢国内或区域电力紧张，要求工业企业错峰、避峰运行，甚至压低、关停工业负荷是各省市普遍采取拉闸限电的优先方法之一。为保证可靠、连续地生产，工业企业对分布式冷热电联产系统产生越来越多的需求，在中小型工业企业密集而资源紧张的东部地区尤其如此。据不完全统计，目前珠三角地区仅 1MW 容量的机组就有上万台在运行，这些机组中部分采用了冷热电联供的系统形式。广州大学城所采用的分布式冷热电联产系统总投资约 20 亿元，回收期约 8 年。大学城内居住 24 万人口，共有 300 多栋楼房。大学城采用能源梯级利用的供给方式，布置 4 套天然气联合循环机组，将工业用后最尾端的余热收集起来，用于供冷系统生产空调冷冻水和供热系统的生活热水，能源的利用率可提高至 70%～80%。

在国外迅速推广的天然气 CCHP 技术，在国内应用时存在以下几方面的问题，即电力与天然气的价格比例、电力上网政策与价格、原动机的成本、设计资料缺乏等，使得其经济性难以完全凸显。

原动机的发电功率与可利用余热之间的比例（常称作电热比）随着机组负荷百分比的变化而变化。建筑侧的电力负荷与采暖或空调负荷之间的比例，也随着季节、小时、建筑物的用途等变化。在设计系统时，可采用以热定电或以电定热两种模式，如图 1-5 所示。前者是按照建筑的实际热或冷负荷来配置和控制原动机，保证机组所产余热能够满足实际需求，不会产生过剩的热量或冷量。此时的电力往往超过用能侧的实际需求，国外大多采用将过剩电力出售给电网公司的方法，这样配置的 CCHP 系统可发挥最大程度的综合效率和经济性。

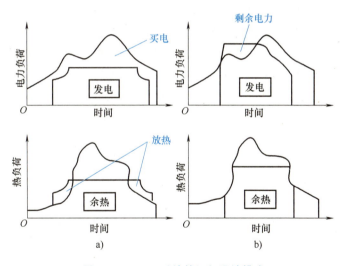

图 1-5　CCHP 系统的运行设计模式
a）以电定热运行　b）以热定电运行

以电定热模式是按照用能侧的电力需求来配置和控制原动机，由 CCHP 系统生产的电力永远不超过实际需求。对应地，余热往往不能单独满足供冷或供热的需求，需要配备额外的补充能量来源。

显然，以热定电模式下，系统的配置更为简单，多余电力上网即可。CCHP 技术在国内出现之初，电网公司对电力上网基本上采用不接受的政策；近年来，自发电力的上网政策有一定改善，但多数地区的上网电价常与煤电的上网价格持平，在客观上制约了以热定电模式的实施。

另外，目前使用天然气 CCHP 系统的原动机国产设备很少，进口设备的高成本，使得附加设备投资回收期过长,也在一定程度上阻碍了这一技术的推广。

1.3 冷热电联产系统

冷热电联产系统是在热电联产(Cogeneration Heating and Power,CHP)的基础上发展起来的。二者不同之处在于,CCHP 可以向建筑物同时提供制冷、供暖、电力、卫生热水和其他通途的热能,侧重领域是商用写字楼及公共楼宇;而 CHP 只能提供电力和热能,侧重于需要工艺用热的工业企业,在大幅度提高系统能源利用率的同时,降低了环境污染,明显改善了系统的热经济性。CCHP 是一种建立在能量的梯级利用概念上,把制冷、供热(采暖和供热水)及发电过程一体化的多联产总能系统,其目的在于提高能源的利用效率,并减少碳化物和有害气体的排放。目前我国的燃气冷热电三联产的主要形式在相当长的一段时间内都会是分布式能源系统的形式。冷热电联产和分布式能源二者相互交叉、部分重合。现在的冷热电联产,一部分属于分布式能源,其安装在用户当地或附近地点,满足当地用户需求或支持电网,一般容量相对较小,可连接电网也可不连接。还有一部分是属于大型集中电厂的热电联产,俗称热电厂,这一部分的发电是上网的,一般容量较大,为 4~40 万 kW,不属于分布式能源系统。

冷热电联产系统的优点主要有以下几个方面。

1)实现能源的综合利用。提高能源的利用率,最高可达 90%。

2)环保。由于燃料多为气态清洁燃料,本身就有优势,不仅污染物而且二氧化碳排放也减少;此外,溴化锂吸收式制冷也减少了对氟利昂的使用。

3)经济。同 CHP 相比,增加了夏季的热量需求,使得一部分产生的余热用于吸收式冷机制冷,提高了系统整体的经济性。

4)能源安全,增加了用电的可靠性。电网在安全性、稳定性、供电质量方面需求严格,一个环节故障,都会导致大规模停电。而采用如微型燃气轮机的分布式能源系统,可以作为一个非常好的补充,保证供电的稳定,增加电网可靠性。

5)削峰填谷。缓解电力紧张,实现能源消耗的季节平衡。夏季,CCHP 的使用可以有效减少对电网的需求,削减峰量,同时还可以填补天然气的用量低估;冬季,燃气轮机的高温烟气余热利用,又可以削减对冬季天然气的用量峰值,从而提高了天然气管网的利用率,降低了相对维护成本。

冷热电联产系统的缺点如下。

1)目前使用规模均较小,安装在楼宇内,只能使用天然气或油品。

2)"小"是个相对词,并不是指 CCHP 系统可以小到为一家一户独立使用,而是为了一栋楼或小区进行冷热电联供。

冷热电联产系统可独立于电网运行,也可与电网构成一个电力供应联合体,二者相辅相成,大大增强了用户电力供给的安全性和可靠性。夏季制冷负荷引起的电网峰谷差值增大,不利于电网的安全、高效运行。冷热电联产系统在夏季提供制冷量,从而减小了对制冷用电负荷的需求;同时,这种系统还可以提供一定量的电力,因此其应用将有助于电网峰谷差的减小,对电网的运行有一定的帮助。冷热电联产系统的广泛使用可以增大夏季对天然气的需求,以及对热能的需求,减少天然气网的季度峰谷差和工业生产余热的有效利用,对天然气网和电力及其他工业企业的运行也有帮助。

冷热电联产系统不仅应用于建筑领域，还可以应用于工业能源领域。上述领域的能量需求种类繁多且不同用户在能源需求种类、结构、总量等方面有很大差异，如不同功能的建筑，能源需求形式中制冷、供暖、电力、生活热水等所占比例差别大，有的还有除湿、蒸汽、游泳池水加温等特殊负荷。冷热电联产系统集成技术针对不同需要，可以为用户制定个性化方案。随着人民生活水平的提高以及新型能源技术的出现，还会不断有新技术在建筑能源领域得到应用。

冷热电联产系统可以认为是在热电联产基础上进一步发展的一种新型能源集成系统，其目的在于打破传统能源系统主要依靠单一热力系统的格局，进而改善能源利用状况。发展分布式冷热电联产系统，可以对提高能源利用效率，减少环境污染，发展智能电网，加强能源安全，优化能源结构起到积极作用，为实现我国短期内大幅度降低能源消耗提供有效的技术手段。

1.4 冷热电联产系统的构成与分类

冷热电联产系统在不同应用领域的配置模式差异很大，主要取决于当地的能源需求结构。

目前国内常用的冷热电联产系统总体上都包括三大系统：动力系统、供热系统和制冷系统。

1. 动力系统

动力系统包括燃气内燃机、燃气轮机、微燃机、燃料电池、斯特林机等。

燃气内燃机的容量通常为 5kW~10MW，作为一个往复运动机械，其将往复运动转变为回转后驱动发电机组，其输出功率可以发电，也可以驱动制冷压缩机等设备。该动力装置的特点是发电投资小、启动迅速、可靠性高、变负荷性能好、余热可以回收，是目前应用最广的分布式发电技术，效率为 25%~40%。内燃机冷却系统和排气中的热能可以用来供暖、生产热水或给一些吸收除湿设备提供动力。

燃气轮机利用天然气、煤气、油等驱动燃气轮机并发电，排气进入余热锅炉，以低压蒸汽或热水形式回收，满足用户采暖、空调和热水要求。其特点是高效环保、排烟温度高、便于热回收、可利用热能连续稳定。目前已有尺寸小、质量轻、污染排放低、燃气适应性广、具有高机械效率和高排气温度的燃气轮机，容量范围从几十千瓦到 300MW 以上，具有高的发电效率（30%~40%）和高的热效率（70%~80%）。

微燃机（即微型燃气轮机）可使用天然气、煤制气、柴油等，可为小型楼宇或小型工厂提供现场电力、热力、制冷能源。其特点为清洁、可靠、多用途、低造价、低排放。

燃料电池可将化学能直接转化成电能和热能，发电效率比其他类型的动力系统要高 1/6~1/3，目前以低热值定义的发电效率为 40%~55%。其特点为发电效率高、噪声小、小型高效、污染物排量小等，但启动需要一定时间。

斯特林机可通过热量的输入和输出来驱动活塞或转子产生机械功。斯特林机相比于内燃机有一些优点，如低噪声、低振动、可燃料灵活性高、可使用可再生能源等。它在一些特定的应用领域，如太阳能发电、热泵、微型发电等方面有着广泛应用和潜力。斯特林机的效率相对较低，而且在启动和停机过程中需要一定时间。

2. 供热系统

供热系统包含热源、热网和用户端三大部分。

供热系统需要有一个热源，用来提供热能。在分布式能源系统中，热源可以采用多种能源形式，如锅炉、热泵、太阳能热能、生物质热能等。

热网是将供热系统中的热能通过管道输送到用户处的网络。它由主管道和支路管道组成，通常分为远程热网和分布式热网两种类型。远程热网一般覆盖较大范围的城市区域，由供热公司进行运营和管理；分布式热网则通常覆盖小区、工业园区等局部区域，由物业公司或小区业主委员会等单位进行运营和管理。热网的设计需要考虑输送距离、输送量、输送温度等因素。

用户端是供热系统的最终使用者，包括住宅、商业建筑、工业厂房等。供热系统需要提供稳定、可靠的热能供应，满足用户的热水、采暖等需求。

3. 制冷系统

制冷系统包含制冷机组、制冷剂循环系统和用户端三大部分。

制冷机组是实现制冷效果的核心设备。它通常包括压缩机、冷凝器、蒸发器和节流装置等关键组件。在工作过程中，制冷机组通过循环的方式将制冷剂进行物理或化学变换，使其吸收热量并降低温度，从而实现空调或制冷效果。

制冷剂循环系统是将制冷机组与用户连接起来的管道系统。它包括制冷剂的循环、传热和控制装置等部分。制冷剂在制冷机组中经过不同的工作状态（如压缩、冷凝、膨胀和蒸发），通过制冷剂循环系统中的管道和换热设备，将热量从用户处吸收并排放到环境中。

用户端是指接受制冷服务的最终使用者，可以是住宅、商业建筑、工业场所等。用户端需要安装适当的制冷设备，如室内机、冷风机或制冷器等，以获得所需的制冷效果。通过制冷机组和制冷剂循环系统提供的冷空气或冷水，满足用户的空调或制冷需求。

冷热电联产系统流程图如图1-6所示。

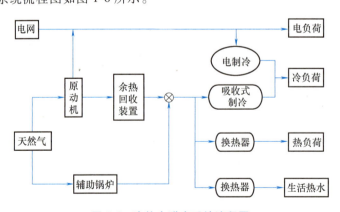

图1-6 冷热电联产系统流程图

目前国内利用天然气实现冷热电联产的系统大体可分为两类：一类是为区域服务的大型或普通燃气轮机冷热电联产系统，另一类是为楼宇服务的规模较小的分布式冷热电联产系统。大型或普通的燃气轮机冷热电联产系统由一个燃气蒸汽联合循环的冷热电联产电站和一个蒸汽吸收制冷装置构成，实现区域供冷、热、电，如图1-7所示。小型分布式冷热电联产系统的设备主要以小型燃气轮机、燃气内燃机、微型燃气轮机、燃料电池为动力机械,配以余热利用的锅炉、吸收式制冷机等实现冷、热、电联产。

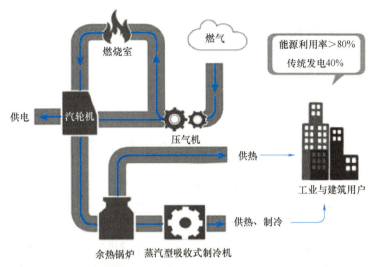

图 1-7 燃气轮机冷热电联产系统

拓 展 阅 读

吴仲华,原籍江苏苏州市,中国科学院学部委员,曾任中国科学技术大学物理热工系(现热科学和能源工程系)首任系主任。1943年底,吴仲华和妻子李敏华双双考取清华大学公费留美生,赴麻省理工学院攻读博士学位。1947年,吴仲华获博士学位并进入美国国家航空咨询委员会(NACA,美国航空航天局前身)所属的刘易斯喷气推进研究中心,从事航空发动机基础理论研究,1954年回国。1950年,吴仲华提出"三元流动"理论,初步解决了流体在发动机叶片中三维流动难以求解的问题。该理论在国际上被称为"吴氏通用理论",后被广泛应用于先进航空发动机叶片的设计。

能量的梯级利用可以分为两种或两个阶段:一是物理能的梯级利用,吴仲华表述为"温度对口,梯级利用";二是化学能与物理能的综合梯级利用。工程热物理领域老一辈科学家们为了新中国的科技事业,不畏艰难,辗转报效祖国,他们深厚的爱国情怀,对事业无私奉献的精神,以及对中国工程热物理事业的杰出贡献,永远值得我们铭记和学习。

第2章

用户冷热电负荷

2.1 静态负荷和估算方法

通常建筑能耗负荷是指在建筑物使用过程中内部消耗的商品能源,包括采暖、通风、空调、热水、照明、电气、厨房炊事等方面的用能。建筑能耗负荷与所在地的自然气候、建筑功能、建筑形式、当地的经济发展情况以及能源环境等多方面因素有关。由于诸多复杂因素的影响,建筑能耗负荷的精确测量通常不易做到。因此,尽管计算建筑能耗负荷的指标法在准确性方面存在不足,但仍然是最简洁的建筑能耗负荷估算方法。下面简单介绍我国现行的建筑能耗负荷指标法。

2.1.1 电力负荷指标法

通常,电力负荷是指用电设备或用户所消耗的电功率。工业与民用建筑的电力负荷是冷热电联产系统确定动力装置形式和容量的重要依据,也是建筑电气系统设计中用来按发热条件选择建筑电源布线及有关电气设备的基本依据。估算建筑电力负荷的常用指标法有单位面积功率法和单位指标法。

单位面积功率法又称负荷密度法,它是将建筑物的建筑面积 A 乘以建筑物的负荷指标 K_S,得到建筑物的计算电力负荷,即

$$P_{30} = \frac{K_S A}{1000}$$

式中,P_{30} 为有功计算负荷(kW);A 为建筑面积(m^2);K_S 为负荷指标(W/m^2)。

各类建筑单位面积电力负荷指标见表 2-1。设计时采用何种电力负荷指标应参照专业电气设计手册或本地区建筑物电气设计推荐的负荷指标。对于传媒中心、电信大楼等一些对电力有特殊要求的建筑,应参考规划用电设备的容量,确定设计负荷指标。

表 2-1 各类建筑单位面积电力负荷指标

建筑物类别	推荐负荷指标/(W/m^2)
多层住宅	30~35
中、高层公寓	40~50
别墅	50~60
商业	40~60
办公	30~40
学校	20~40

单位指标法不是根据面积,而是根据用户的数量,如建筑物内的床位、人、房间等的数量。单位指标法多用于宾馆类建筑。

单位指标法的电力负荷计算公式为

$$P_{30} = \frac{K_S N}{1000}$$

式中,N 为单位数,如人、床、房间等的数量;K_S 为负荷指标(W/人、W/床、W/房间),具体指标参见专业电气设计手册。

作为参考,表2-2给出了国内一些宾馆设计时采用的单位面积功率、单位指标及电力装机情况。

表 2-2 部分旅游宾馆、饭店的电力装机容量及负荷密度

序号	工程名称	建筑面积 /m²	装机容量 /kV·A	单位面积功率 /(W/m²)	单位指标 /(kW/房间)
1	北京西苑饭店	62100	8000	126.6	12.3
2	广州白云宾馆	58601	3120	53.2	3.9
3	广州花园酒店	170000	16000	94.1	12.3
4	广州中国大饭店	110000	6200	56.4	12.3
5	武汉晴川饭店	19500	2260	115.9	12.3
6	西安宾馆	20000	2000	100.0	12.3
7	长沙芙蓉饭店	18000	2000	111.1	12.3
8	成都锦江宾馆	38000	1577	41.5	12.3
9	上海花园饭店	60945	2500	41.0	12.3
10	上海希尔顿酒店	71460	6250	87.5	12.3
11	上海新锦江大酒店	65122	8000	122.8	12.3

2.1.2 热负荷指标法

建筑热负荷是指使在某一室外温度下,使室内获得热量并保持一定温度,以达到适宜的生活条件或工作条件的技术。热负荷是采暖设计的基本依据,直接影响采暖系统方案的选择、供暖管道的设计和设备的选型,并且关系到供暖系统的使用和经济效果。采暖系统由热媒制备(即热源)、热媒传输和热媒利用(即散热设备)组成。采暖热媒的来源为能从中吸取热量的任何物质、装置或天然能源;热媒传输是指热能的载体,工程上指传递热能的媒介物;散热设备即将热媒的部分热量传给室内空气的放热设备。图2-1所示为房间内的散热设备。

在分布式冷热电联产系统的规划或初步设计阶段,往往还没有建筑物的设计图样,无法详细计算建筑物采暖热负荷。因此,此时一般采用单位面积热指标法和单位温差热指标法两种热负荷指标估算方法计算建筑物采暖热负荷。

1. 单位面积热指标法

单位面积热指标就是单位时间每平方米建筑面积的平均耗热量,也就是供暖系统单位时

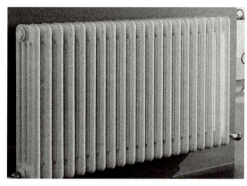 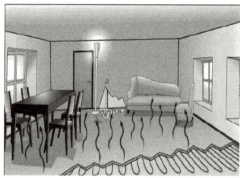

图 2-1 房间内的散热设备

间应供给每平方米建筑面积的热量。供暖热负荷计算公式为

$$Q = q_f F$$

式中，Q 为建筑物供暖热负荷（W）；q_f 为单位面积耗热指标（W/m²），见表 2-3；F 为总建筑面积（m²）。

表 2-3 民用建筑供暖单位面积耗热指标

建筑性质	耗热指标/（W/m²）	建筑性质	耗热指标/（W/m²）
住宅	47~70	商店	64~87
办公楼、学校	58~90	单层住宅	80~105
医院	64~80	食堂、餐厅	116~140
幼儿园	58~70	影剧院	93~116
图书馆	47~76	大礼堂	116~163

注：1. 建筑总面积大、围护结构绝热性能好、窗户面积较小时，采用较小指标，反之采用较大指标。
2. 此表适用于气温接近北京地区的地方。

2. 单位温差热指标法

通常，这种估算方法在选择锅炉及计算室外供暖管道时使用。

单位温差热指标是指当室内外温度相差 1℃ 时，每平方米建筑面积单位时间的耗热量，单位为 W/(m²·℃)。民用建筑单位温差热指标法计算供暖热负荷的公式为

$$Q = q_t F(t_i - t_0)$$

式中，Q 为房间的供暖热负荷（W）；q_t 为单位面积温差热指标 [W/(m²·℃)]；F 为房间的建筑面积（m²）；t_i 为房间供暖室内计算温度（℃）；t_0 为当地冬季供暖室外计算温度（℃）。

民用建筑供暖单位温差热指标 q_t 见表 2-4，民用与公共建筑空调房间室内计算温度 t_i 见表 2-5。另外，可根据所在区域查阅相关专业供热设计手册，获得当地冬季供暖室外计算温度 t_0。

表 2-4 民用建筑供暖单位温差热指标　　[单位：W/(m²·℃)]

楼层类别		楼层房间(无天棚、地板耗热)/[W/(m²·℃)]		底层(无天棚耗热)/[W/(m²·℃)]		顶层(无地板耗热)/[W/(m²·℃)]	
房间	类别	非拐角房间	拐角房间	非拐角房间	拐角房间	非拐角房间	拐角房间
外墙厚度/mm	240	1.5~1.7	2.9~3.3	1.7~1.9	3.3~3.6	2.7~2.8	4.1~4.5
	370	1.3~1.4	2.2~2.7	1.6~1.7	2.7~3.0	2.5~2.6	3.4~3.8
	490	1.2~1.3	1.9~2.2	1.5~1.6	2.5~2.7	2.2~2.3	3.0~3.4
	670	1.1~1.2	1.6~2.0	1.4~1.5	2.2~2.6	2.1~2.2	2.8~3.2

表 2-5 民用与公共建筑空调房间室内计算温度

建筑类别	房间类型	夏季		冬季		备注
		温度/℃	相对湿度(%)	温度/℃	相对湿度(%)	
住宅	卧室与起居室	24~28	40~70	18~22	30~60	GB 50096—2011
旅馆	客房	26~28	≤65	20~22	≥35	GB 50189—2015 JGJ 62—2014
	宴会厅、餐厅	25~27	≤65	19~21	≥30	
	娱乐室	24~26	≤60	18~20	≥40	
	大厅、休息室、服务部门	26~28	≤65	18~20		
医院	病房	≤27	40~65	≥24	40~65	特殊病房有空气净化要求，防静电，GB 51039—2021
	手术室、产房	≤26	≤65	≥20	≥30	
	检查室、诊断室	25~27	40~60	18~24	40~60	
办公室	一般办公室	26~28	≤70	18~20	≥30	JGJ 67—2019
	高级办公室	24~26	40~60	20~22	≥30	
	会议厅	25~27	65	16~18	≥30	
	计算机房	25~27	45~65	16~18	≥30	
影剧院	观众厅	24~28	40~70	18~22	≥30	JGJ 57—2016 JGJ 58—2008
	舞台	24~28	40~70	18~22	≥30	
	化妆	24~28	40~70	20~22	≥30	
	休息厅	24~28	40~70	16~20	≥30	
学校	教室	26	≤65	18		GB 50099—2011
	礼堂	26~28	≤65	16~18		
	实验室	25~27	≤65	16~20		
图书馆、博物馆、美术馆	阅览室	25~27	40~65	18~20	30~60	JGJ 38—2015, JGJ 66—2015,重要艺术品收藏库要求全年恒温、恒湿
	展厅	24~27	40~65	18~20	30~60	
	珍藏、贮藏室	25~27	40~60	18~20	30~60	
档案馆	微缩胶片库	14~24	45~60	14~24	45~60	JGJ 25—2010
体育馆	观众席	26~29	60~70	22~24	≤60	JGJ 25—2010
	比赛厅	26~28	55~65	16~18	≤30	
	练习厅	26~28	55~65	16~18	≤30	
	游泳池大厅	26~29	60~70	26~28	60~70	
	休息厅	26~29	60~70	22~24	≤60	

(续)

建筑类别	房间类型	夏季 温度/℃	夏季 相对湿度(%)	冬季 温度/℃	冬季 相对湿度(%)	备注
百货商店	营业厅	25~28	≤65	18~24	≥30	JGJ 48—2014
电视、广播中心	演播室、播音室 控制室 节目制作录音室	25~27 24~26 25~27	40~60 40~60 40~60	18~20 20~22 18~20	40~50 40~55 40~50	JGJ 48—2014
饮食	餐厅	24~28	≤65	18~24	≥30	JGJ 64—2017

2.1.3 冷负荷指标法

为了达到建筑作为人们的某种活动场所的舒适性要求，或者作为生产场所的工艺性要求，需要采用技术手段把建筑内部的空气环境控制在一定状态。空调房间的冷负荷主要依据通过建筑围护结构传入室内的热量、人体散热、照明及其他室内设备散热所形成的热负荷确定。

建筑冷负荷是确定分布式冷热电联产系统制冷设备容量和空调系统送风量的基本依据。空调负荷概算要求把握建筑物空调负荷的估计值，可采用面积热指标法进行估算，有参考标准。如要求事先估计空调的设备费用，建设初期又无法按详细方法计算，这时可根据以往类似建筑实际运行中积累起来的空调负荷概算指标进行粗略估算。

空调负荷概算指标是指折算到建筑物中每平方米空调面积所需的制冷系统的负荷值。表2-6列出了国内部分建筑的空调负荷概算指标。将负荷概算指标乘以建筑物内的空调面积，即得建筑物空调负荷。

表2-6 国内部分建筑的空调负荷概算指标

序号	建筑物类型及房间名称	冷负荷/(W/m²)
1	百货大楼、商场	150~250
2	科研办公楼	80~150
3	医院高级病房	100~150
3	手术室	120~180
3	洁净手术室	300~500
4	影剧院	200~300
5	体育馆	120~150
6	宾馆、大饭店、客房	80~120
6	饭厅	200~250
6	理发室、美容室	120~180
6	健身房	100~120
6	舞厅	200~300
6	办公室	80~120
6	咖啡厅	100~200

（续）

序号	建筑物类型及房间名称	冷负荷/(W/m²)
7	公寓、住宅	80~130
8	展览厅、陈列室	120~200
9	会堂、报告厅	150~200
10	计算机房、主机房	300~400
	辅机房	250~300
	恒温室	200~250

2.1.4 指标法的缺陷

建筑能耗负荷指标法可以在项目规划和初步设计时采用，但是由于它不能准确描述建筑能源负荷及其动态，从而无法满足详细设计及工程实际的需要。我国的负荷指标法在冷热电联产系统规划、设计中存在的缺陷具体体现在以下三个方面。

1）我国目前的建筑能耗设计指标仍沿用较早的标准，现行能耗指标已经大大滞后于我国的建筑节能进程。

2）单位建筑面积能耗指标依建筑规模、建筑形式、建筑功能、所在地区等有很大差别，不应简单的一概而论。

3）冷热电联产系统用户的负荷随不同季节、一天中不同时段明显变化。

2.2 动态负荷的计算方法

前面已述及目前常采用的负荷指标法在分布式冷热电联产系统设计时，可作为初步规划或设计的参考，但与实际负荷特性存在相当大的偏离，不适应系统详细技术、经济分析和评价的需要。与常规集中式供能相比，分布式冷热电联产系统需要满足单一用户或小范围用户的能源需求，其负荷的动态特征更加突出。因此，在设计中需要更符合实际情况的动态负荷分析能耗情况。

动态负荷计算方法

动态负荷分析可以采用静态负荷计算方法计算瞬时负荷，同时考虑引起负荷动态变化因素的延时特性，得到系统动态负荷。具体而言，应该基于人体舒适性或工艺性环境要求与外部环境的温、湿度差异，计算维持所需室内温度、湿度指标所需的供热量和供冷量。在冷热负荷静态计算模型基础上，引入外界环境（如太阳辐照强度、室外温度等）和建筑内部人员活动和设备工作的动态特性以及蓄能等设备特性，计算出各种功能建筑物各项能源的动态负荷情况。

2.2.1 动态电负荷

分布式冷热电联产系统的核心动力发电设备为微型或小型燃气轮机、内燃机等，虽然本身造价相当可观，但是还附带一系列问题，如排烟、消防、减振、降噪等。所以，对其容量的计算就成了重要问题，以便在保证对重要负荷供电的基础上，合理确定发电机组容量、节省工程造价、减少处理其他技术问题的难度。电负荷的确定对机组容量、台数、电热比参数及运行方式的选择有重要影响,尤其对于孤网运行的系统。对于部分依靠电网的系统,常常采用以冷热定电的设计原则,此时电负荷的重要性虽不及孤网情况那么重要,但为保证系统的高效、经济运行,选择系统发电机组容量时也必须考虑负荷的动态情况,当然也要综合考虑建筑的冷热负荷情况,在满足需求的前提下,尽可能降低造价成本。

在分布式冷热电联产系统中,动力发电设备的容量计算方法包括按稳定负荷计算(考虑单相负荷的影响)和按最大单台用电设备或成组用电设备起动的高峰负荷计算。

1. 稳定负荷

通常,分布式冷热电联产系统为建筑物提供部分电力,其余电负荷由电网补充,与大电网完全隔离的孤网运行的情况比较少。因此一般分布式冷热电联产系统的发电机组多承担白天峰值负荷,而夜晚的谷电交给电网,这是一种设计思路。同时从增加供电可靠性的角度,希望重要用电设备由分布式冷热电联产系统的发电机组、电网互为备用,所确保的供电范围一般为:消防设施用电,有消防水泵、消防电梯、防烟排烟设施、火灾自动报警、自动灭火装置、应急照明、疏散指示标志和电动防火门、窗、卷帘门等;安保设施、通信、航空障碍灯、电钟等设备用电;高级宾馆、商业、金融大厦中的中央控制室及计算机管理系统用电;大、中型电子计算机室等用电;具有重要政治、经济意义场所的部分电力和照明用电,如大型商场、大型餐厅、贵宾餐厅、国际会议室、贵重展品陈列室、银行等重要经营场所等。当分布式冷热电联产系统的发电机组容量有富余或工程有特殊要求时,下列负荷亦可纳入重要用电的供电范围:1台生活水泵、1台或部分客梯、污水处理泵、楼梯及客房走道照明用电的50%、公共场所照明用电的15%、一般走道照明用电的20%、高级客房确保1盏照明灯的用电、冷冻或冷藏室用电,多余电力满足其他用电。在进行电负荷计算时,对于消防负荷,一般不考虑需要系数和同时系数。

按稳定负荷考虑,实际所需电负荷为

$$P_{C1} = \sum_{k=1}^{n} \frac{\alpha_k P_k}{\eta_k}$$

式中,P_{C1} 为按稳定负荷计算的用电设备输出有效功率(kW);P_k 为第 k 个(或组)负荷的设备功率(kW);α_k 为第 k 个(或组)负荷的负荷率;η_k 为第 k 个(或组)负荷的效率。

根据用电设备负荷率随时间的变化规律,通过上式可以获得稳定负荷的动态特性,用于指导分布式冷热电联产机组的选型和容量选择。

2. 最大单台用电设备或成组用电设备起动负荷

按最大单台用电设备或成组用电设备起动需要计算发电机容量,就是要考虑用电设备起动的高峰电流。出现最大可能高峰负荷的情况为:在最大单台用电设备或成组用电设备起动时,所有其他负荷都已投入运行。因此,起动时所需最大的有功功率,即最大电力负荷为

$$P_{C2} = \sum_{k=1}^{n-1} \frac{\alpha_k P_k}{\eta_k} + P_{st} = \sum_{k=1}^{n} \frac{\alpha_k P_k}{\eta_k} + P_{st} - \frac{\alpha_n P_n}{\eta_n} \approx P_{C1} + P_{st} - P_n$$

式中,P_{C2} 为按电动机起动时所需要的发电机有功功率(kW);P_{st} 为起动容量与额定容量之差为最大的电动机或成组电动机的起动容量(kW);P_n 为起动容量与额定容量之差为最大的电动机或成组电动机的功率(kW)。

对于采用先进负荷调节和控制技术的智能建筑电力负荷计算,目前国内尚无标准方法。

采用传统的负荷计算方法,结果会造成多数项目设备的选型容量偏大,运行负荷率偏低,因此在电负荷计算方面还要考虑建筑的实际情况。如采用楼宇自动化系统的智能建筑,其用电负荷特性与传统的民用建筑有一定的差异,在常规电负荷计算方法基础上需要进行一定的修正。

总之,分布式冷热电联产系统的发电机组容量和台数的选择需要综合考虑负荷大小、动态特性、发电设备功率因数,甚至考虑大型用电设备起动顺序以及单台用电设备最大的起动容量等因素。

2.2.2 动态热负荷的计算方法

采暖系统设计热负荷是采暖设计中最基本的数据。它直接影响采暖系统方案的选择、采暖管道管径和散热器等设备的确定,关系到供暖系统的使用和经济效果。

1. 采暖系统设计热负荷

为了生产和生活,人们要求室内保证一定的温度。一个建筑物或房间可有各种得热和散失热量的途径。当建筑物或房间的失热量大于得热量时,为了保持室内在要求温度下的热平衡,需要由采暖通风系统补进热量,以保证室内要求的温度。采暖系统通常利用散热器向房间散热,通风系统送入高于室内要求温度的空气,一方面向房间不断地补充新鲜空气,另一方面也为房间提供热量。

建筑热负荷的产生主要是由于建筑向环境的散热损失,同时也要考虑由于日照以及室内人员、设备自身发热所形成的输入热量。考虑建筑物的热平衡,当建筑散热量大于其输入热量,为了室内持续、稳定地维持一定的温度水平,需要为室内提供的热量即为建筑热负荷。冬季供暖房间内外热量交换如图2-2所示。

在设计室外空气计算温度 t_{wn} 下,为达到要求的室内温度 t_n,采暖系统在单位时间内向建筑物供给的热量 Q,是设计采暖系统的最基本依据。设计热负荷能更好地选择合适的散热设备、管径和管路等设备,提供一份合理的供热方案。

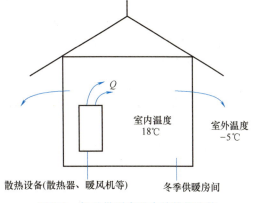

图2-2 冬季供暖房间内外热量交换

设计热负荷的理论计算公式为

$$Q = Q_s - Q_d$$

式中,Q 为采暖系统设计热负荷(W);Q_s 为建筑物失热量(W);Q_d 为建筑物得热量(W)。

2. 采暖室内外空气计算参数

(1) 室内空气的计算温度 室内空气计算温度是指距地面2m以内人们活动地区的平均空气温度。室内空气温度的选定,应满足人们生活和生产工艺的要求。生产要求的室温,一般由工艺设计人员提出。生活用房间的温度,主要决定于人体的生理热平衡。它和许多因素有关,如房间的用途、室内的潮湿状况和散热强度、劳动强度以及生活习惯、生活水平等。

许多国家所规定的冬季室内温度标准，大致在 16~22℃ 范围内。根据国内有关卫生部门的研究结果，当人体衣着适宜、保暖量充分且处于安静状况时，室内温度 20℃ 比较舒适，18℃ 无冷感，15℃ 是产生明显冷感的温度界限。

《全国民用建筑工程设计技术措施：暖通空调·动力》具体规定：设计集中采暖时，冬季室内空气计算温度应根据建筑物的用途，符合以下规定：

1）民用建筑的主要房间，宜采用 16~24℃。

2）工业建筑根据生产厂房的工作地点以及能量消耗程度来确定冬季室内计算温度，不同工作地点适宜温度见表 2-7。

表 2-7 不同工作地点适宜温度

能量消耗	计算温度/℃	能量消耗	计算温度/℃
轻作业	18~21	中作业	16~18
重作业	14~16	过重作业	12~14

3）辅助建筑及辅助用室的冬季室内计算温度见表 2-8。

表 2-8 辅助建筑及辅助用室的冬季室内计算温度

建筑物	计算温度/℃	建筑物	计算温度/℃	建筑物	计算温度/℃
浴室	25	办公室、休息室	18	更衣室	25
食堂	18	盥洗室、厕所	12		

（2）室外空气的计算温度 我国现行的《工业建筑供暖通风与空气调节设计规范》与《民用建筑供暖通风与空气调节设计规范》（下面简称"规范"）采用不保证天数方法确定北方城市的采暖室外空气计算温度。采用不保证天数方法的原则是人为允许有几天时间可以低于规定的采暖室外计算温度，亦即容许这几天室内温度可能稍低于室内计算温度 t_n 值。不保证天数根据各国规定也有所不同，有规定 1 天、3 天、5 天等。

规范规定"采暖室外计算温度，应采用历年平均不保证 5 天的日平均温度"。对大多数城市来说，不得有多于 150 天的实际日平均温度低于所选定的室外计算温度。济南地区室外空气计算温度为 -7℃。

3. 设计热负荷的计算

采暖系统的设计热负荷，需要根据生产工艺设备使用或建筑物的使用情况，通过得失热量的热平衡才能确定。房间内的得热量减去房间内的失热量，即为采暖设计热负荷。冬季采暖通风系统的热负荷，应根据建筑物或房间的得、失热量确定。

失热量有：

1）围护结构传热耗热量 Q_1。

2）加热由门、窗缝隙渗入室内的冷空气的耗热量 Q_2，称为冷风渗透耗热量。

3）加热由门、孔洞及相邻房间侵入的冷空气的耗热量 Q_3，称为冷风侵入耗热量。

4）水分蒸发的耗热量 Q_4。

5）加热由外部运入的冷物料和运输工具的耗热量 Q_5。

6）通风耗热量。通风系统将空气从室内排到室外所带走的热量 Q_6。

得热量有:

1) 生产车间最小负荷班的工艺设备散热量 Q_7。
2) 非采暖通风系统的其他管道和热表面的散热量 Q_8。
3) 热物料的散热量 Q_9。
4) 太阳辐射进入室内的热量 Q_{10}。

此外,还有通过其他途径散失或获得的热量 Q_{11}。

对于一般的民用建筑和产热量很少的工业建筑,有

$$Q = Q_s - Q_d = Q_1 + Q_2 + Q_3 - Q_{10}$$

对于没有生产工艺所带来的得失热量而需设置通风系统的建筑物或房间,建筑物或房间的热平衡就简单多了。失热量只考虑上述前三项耗热量,得热量只考虑太阳辐射进入室内的热量。至于住宅中其他途径的得热量,如人体散热量、炊事和照明散热量,一般散热量不大,且不稳定,通常可不予计入。

(1) 围护结构的传热耗热量 Q_1

$$Q_1 = Q_{1.j} + Q_{1.x} = \sum aKF(t_n - t_{wn}) + Q_{1.x}$$

式中,t_n 为室内计算温度(℃);t_{wn} 为供暖室外计算温度(℃);a 为围护结构的温差修正系数,$0 < a \leq 1$;K 为围护结构的传热系数 [W/(m²·℃)];F 为围护结构的传热面积(m²)。

可从《建筑热工与围护结构节能设计手册》查得围护结构的传热系数为

$$K = \frac{1}{R_0} = \frac{1}{R_i + \sum \frac{\delta_i}{\lambda_i} + R_e}$$

式中,R_0 为围护结构的传热热阻(m²·℃/W);R_i、R_e 分别为围护结构内表面、外表面的换热热阻(m²·℃/W);δ_i 为围护结构各层的厚度(m);λ_i 为围护结构各层的导热系数 [W/(m²·℃)]。

围护结构表面换热过程是对流和辐射的综合过程。围护结构内表面换热是壁面与邻近空气和其他壁面由于温差引起的自然对流和辐射换热作用,而在围护结构外表面主要是由于风力作用产生的强迫对流换热,辐射换热占的比例较小。

不同围护结构传热面积的丈量规则如图 2-3 所示。

外墙面积的丈量,高度从本层地面算到上层地面(底层除外)。对平屋顶的建筑物,最顶层的丈量是从最顶层的地面到平屋顶的外表面的高度;而对于有闷顶的斜屋面,应计算到闷顶的保温层表面。外墙的平面尺寸,应按建筑物外廓尺寸计算。两相邻房间以内墙中线为分界线。

门、窗的面积按外墙外表面上的净空尺寸计算。

闷顶和地面的面积,应按照建筑物外墙以内的内廓尺寸计算。对于平屋顶,顶棚面积按建筑物外廓尺寸计算。

(2) 围护结构的修正耗热量 实际耗热量会受到气象条件以及建筑物情况等各种因素影响而有所增减。由于这些因素影响,需要对房间围护结构基本耗热量进行修正。这些修正耗热量称为围护结构修正耗热量。通常按照基本耗热量的百分率进行修正。

1) 朝向修正耗热量。朝向修正耗热量是考虑建筑物受太阳照射影响而对围护结构基本

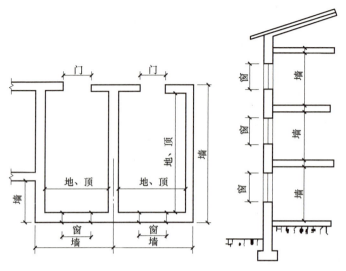

图 2-3　围护结构传热面积的丈量规则

耗热量的修正。当太阳照射建筑物时,阳光直接透过玻璃窗,使室内得到热量。同时由于受阳面的围护结构较干燥,外表面和附近气温升高,围护结构向外传递热量减少。采用的修正方法是按围护结构的不同朝向,采用不同的修正率,需要修正的耗热量等于垂直的外围护结构(门、窗、外墙及屋顶的垂直部分)的基本耗热量乘以相应的朝向修正率。

规范规定,宜按照表 2-9 规定的数值,选用不同朝向的修正率。

表 2-9　不同朝向的修正率

朝向	修正率	朝向	修正率
北、东北、西北	0～10%	东南、西南	-10%～-15%
东、西	-5%	南	-15%～-30%

选用表 2-9 中的朝向修正率时,应考虑当地冬季日照率,建筑物使用和被遮挡等情况。对于冬季日照率小于 35% 的地区,东南、西南和南向修正率宜采用 -10%～0,东、西向可不修正。

2) 风力附加耗热量。风力附加耗热量是考虑室外风速变化而对围护结构基本耗热量的修正。在计算围护结构基本耗热量时,外表面换热系数对应风速约 4m/s 的计算值。我国大部分地方冬季平均风速一般为 2～3m/s。因此,规范规定:在一般情况下,不必考虑风力附加,只对建在不避风的高地、河边、海岸、旷野上的建筑物,以及城镇、厂区内特别突出的建筑物,才考虑垂直外围结构附加 5%～10%。

3) 高度附加耗热量。高度附加耗热量是考虑房屋高度对围护结构耗热量的影响而附加的耗热量。

《民用建筑供暖通风与空气调节设计规范》规定:民用建筑(楼梯间除外)的围护结构耗热量高度附加率,散热器供暖房间高度大于 4m 时,每高出 1m 应附加 2%,但总的附加率不应大于 15%;地面辐射供暖的房间高度大于 4m 时,每高出 1m 宜附加 1%,但总附加率不宜大于 8%。《工业建筑供暖通风与空气调节设计规范》规定:采用地面辐射供暖的房间,高度附加率取 $(H-4)\%$,且总附加率不宜大于 8%;采用热水吊顶辐射或燃气红外辐射供暖的房间，高度附加率取 $(H-4)/5$，且总附加率不宜大于 15%；采用其他供暖形式的房间，高度附加率取 $2(H-4)\%$，且总附加率不宜大于 15%。其中 H 为房间高度。注意，高度附加率应附加于各围护结构基本耗热量和其他耗热量上。

（3）冷风渗透耗热量　在风力和热压造成的室内外压差作用下，室外的冷空气通过门、窗等缝隙渗入室内被加热后逸出。把这部分冷空气从室外温度加热到室内温度所消耗的热量，称为冷风渗透耗热量 Q_2。冷风渗透耗热量在设计热负荷中占有不小的份额。影响冷风渗透耗热量的因素很多，如门窗构造、门窗朝向、室外风向和风速、室内外空气温差、建筑物高低以及建筑物内部通道状况等。总的来说，对于多层（6层及6层以下）建筑，由于房屋高度不高，在工程设计中，冷风渗透耗热量主要考虑风压的作用，可忽略热压的影响。对于高层建筑，则应考虑风压与热压的综合作用。

对于多层建筑，可通过计算不同朝向的门、窗缝隙长度以及从每米长缝隙渗入的冷空气量，确定其冷风渗透耗热量。这种方法称为缝隙法。

对不同类型的门、窗，在不同风速下每米长缝隙渗入的空气量 L，可采用表 2-10 的实验数据。

表 2-10　每米门、窗缝隙渗入的空气量 L　　[单位：$m^3/(m \cdot h)$]

门窗类型	冬季室外平均风速/(m/s)					
	1	2	3	4	5	6
单层木窗	1.0	2.0	3.1	4.3	5.5	6.7
双层木窗	0.7	1.4	2.2	3.0	3.9	4.7
单层钢窗	0.6	1.5	2.6	3.9	5.2	6.7
双层钢窗	0.4	1.1	1.8	2.7	3.6	4.7
推拉铝窗	0.2	0.5	1.0	1.6	2.3	2.9
平开铝窗	0.0	0.1	0.3	0.4	0.6	0.8

注：1. 每米外门缝隙渗入的空气量，为表中同类型外窗的2倍。
　　2. 当有密封条时，表中数据可乘以 0.5~0.6 的系数。

用缝隙法计算冷风渗透耗热量时，以前方法是只计算朝冬季主导风向的门、窗缝隙长度，朝主导风向背风面的门、窗缝隙不必计入。实际上，冬季中的风向是变化的，不位于主导风向的门、窗，在某一时间也会处于迎风面，必然会渗入冷空气。因此，建筑物门、窗缝隙的长度分别按各朝向所有可开启的外门、窗缝隙丈量。

门、窗缝隙渗入空气量的计算公式为

$$V = nLl$$

式中，L 为每米门、窗缝隙渗入室内的空气量 [$m^3/(m \cdot h)$]，按当地冬季室外平均风速选择；l 为门、窗缝隙的计算长度（m）；n 为渗透空气量的朝向修正系数，见表 2-11。

表 2-11　渗透空气量的朝向修正系数 n 值

地点	北	东北	东	东南	南	西南	西	西北
哈尔滨	0.30	0.15	0.20	0.70	1.00	0.85	0.70	0.60
沈阳	1.00	0.70	0.30	0.30	0.40	0.35	0.30	0.70
北京	1.00	0.50	0.15	0.10	0.15	0.15	0.40	1.00

(续)

地点	北	东北	东	东南	南	西南	西	西北
天津	1.00	0.40	0.20	0.10	0.15	0.20	0.40	1.00
西安	0.70	1.00	0.70	0.25	0.40	0.50	0.35	0.25
太原	0.90	0.40	0.15	0.20	0.30	0.20	0.70	1.00
兰州	1.00	1.00	1.00	0.70	0.50	0.20	0.15	0.50
乌鲁木齐	0.35	0.35	0.55	0.75	1.00	0.70	0.25	0.35

计算门、窗缝隙的长度时，当房间仅有一面或相邻两面外墙时，全部计入其门、窗可开启部分的缝隙长度；当房间有相对两面外墙时，仅计入风量较大一面外墙的缝隙；当房间有三面外墙时，仅计入风量较大的两面外墙的缝隙。

确定门、窗缝隙渗入空气量 V 后，冷风渗透量 Q_2 的计算公式为

$$Q_2 = 0.278 V \rho_w c_p (t_n - t_{wn})$$

式中，V 为经门、窗缝隙渗入室内的总空气量（m^3/h）；ρ_w 为采暖室外计算温度下的空气密度（kg/m^3）；c_p 为冷空气的比定压热容，$c_p = 1 kJ/(kg \cdot ℃)$。

当流入的冷空气量不易确定，冷风渗透耗热量也可以按围护结构基本耗热量的百分数进行估算。

(4) 冷风侵入耗热量 Q_3　在冬季受风压和热压作用下，冷空气由开启的外门侵入室内。把这部分冷空气加热到室内温度所消耗的热量称为冷风侵入耗热量。冷风侵入耗热量的计算公式同样为

$$Q_3 = 0.278 V_w \rho_w c_p (t_n - t_{wn})$$

式中，V_w 为经外门侵入室内的冷空气量（m^3/h）。

此外，对建筑物的阳台门不必考虑冷风侵入耗热量。

2.2.3　动态冷负荷的计算方法

1. 建筑冷负荷动态的形成

一般来说空调房间的室内散热、散湿量在一天中是变化的，通常随室内人员数目、设备使用情况的变化而变化。围护结构传热与玻璃窗日射、新风等形成的负荷随室外参数的变化而变化，而空调负荷一般由总负荷变化的峰值确定。由于建筑围护结构与室内家具具有一定的蓄热作用，有些建筑装修内表面与家具还具有蓄湿作用，所以室内空气参数对内外干扰的响应有一定的延迟与衰减。因此，空调的计算负荷并不简单等于室内产热量、室外传入热量等各项之和。

对输入热可采用两种分类方法。若按是否随时间变化来分类，有稳定输入热和瞬变输入热之分。如照明灯具、人体和耗电量不变的室内用电设备发热量都属稳定输入热，而如透过玻璃窗进入室内的日射量和围护结构的不稳定传热等则属瞬变输入热。若按显热和潜热加以区分，则有显热输入热和潜热输入热之别，分清这两种不同类型的显热或潜热输入热对正确选择冷却或加湿（或除湿）设备十分必要。凡借助传导、对流和辐射三种方式中的任何一种或其组合方式，将热量传递给空调房间的输入热便是显热输入热，而由于进入室内空气含

湿量带来的输入热便是潜热输入热。如随着人体、设备散湿量及新风或渗透风带入室内湿量而引起的输入热即属于此类。

房间（空调区）冷负荷为保持房间（空调区）恒定的空气温度，在某一时刻必须由空调系统从室内除去的热流量，应按各项逐时冷负荷计算。空调系统冷负荷是由空气调节系统的冷却设备所除去的热流量。

2. 动态冷负荷计算方法

空调系统冷负荷的计算与蓄热体吸热和放热过程有直接关系，而不同的计算方法对吸热和放热过程则采取不同的数学处理方法（或简化处理方法）。因此，在计算时不仅要考虑日照、外界环境、内热源、人员活动等动态特性，还要考虑室内蓄热引起的室外向建筑物传热过程的不稳定传热特性。

建筑冷负荷包括室外扰量形成的负荷，室内扰量形成的负荷，室内湿源散湿形成的冷负荷等。在动态冷负荷计算中，将时间因素考虑到冷负荷组成的每一个环节，最后的叠加结果就是建筑动态冷负荷。

（1）室外扰量形成的负荷

1）温差传热产生的通过围护结构传入的热量 Q_{c1} 为

$$Q_{c1} = KF\Delta t_{\tau_1 - \tau_2}$$

式中，K 为传热系数 [W/(m²·K)]；F 为计算面积（m²）；τ_1、τ_2 分别为计算时刻和温度波动的作用时刻；$\Delta t_{\tau_1 - \tau_2}$ 为作用时刻下，通过外墙或屋面的冷负荷计算温差，即负荷温差（℃）。

2）辐射透过外窗进入的太阳辐射热量 Q_{fl} 为

$$Q_{fl} = FX_g X_d J_{W\tau}$$

式中，X_g 为窗户的构造修正系数；$J_{W\tau}$ 为计算时刻透过无遮阳外窗的太阳总辐射强度（W·m⁻²）；X_d 为地点修正系数；F 为窗口面积（m²）。

3）内围护结构传热量 Q_{c3} 为

$$Q_{c3} = KF(t_{wp} + \Delta t_{ls} - t_n)$$

式中，t_{wp} 为夏季空气调节室外计算日平均温度（℃）；t_n 为夏季空气调节室内计算温度（℃）；K 为传热系数 [W/(m²·K)]；Δt_{ls} 为邻室温升（℃），邻室散热量很少时取 0～2℃，当散热量小于 23W/m³ 时取 3℃，当散热量为 23～116W/m³ 时取 5℃。

4）由于散湿引起的潜热冷负荷和空气渗透带入室内的显热冷负荷、渗入空气带入的热量 Q_{sr} 为

$$Q_{sr} = 0.28G(H_w - H_n)$$

式中，G 为空气渗透量（kg/h）；H_w 为室外空气的焓（kJ/kg）；H_n 为室内空气的焓（kJ/kg）。

（2）室内扰量形成的负荷　温度升高需要的热量称为显热；物体蒸发需要的热量称为潜热。全热就是显热和潜热之和，一般状态下焓值与全热值相同。显热和潜热的比值决定相对湿度。显热决定室内温度。简单地说，显热就是有温度变化没有相变；潜热没有温度变

化，变化是由相变产生的。

1) 人体散热量（显热）Q_{rl} 为

$$Q_{rl} = \varphi n q_1 X_{\tau-T}$$

式中，φ 为群集系数；n 为计算时刻空调房间内总人数；q_1 为一名成年男子每小时显热散热量（W）；T 为人员进入房间的时刻；$\tau-T$ 为从开灯时刻算起到计算的时刻（h）；$X_{\tau-T}$ 为 $\tau-T$ 时间照明设备散热的冷负荷系数。

2) 照明散热量 Q_d。照明散热量是由照明灯具散热形成的冷负荷，与灯具种类、功率和安装情况有关。

镇流器在空调房间外的荧光灯以及白炽灯散热量为

$$Q_{d1} = 1000 n_1 N X_{\tau-T}$$

镇流器装在空调房间内的荧光灯散热量为

$$Q_{d2} = 1200 n_1 N X_{\tau-T}$$

安装在吊顶玻璃罩内的荧光灯散热量为

$$Q_{d3} = 1000 n_0 n_1 N X_{\tau-T}$$

式中，N 为照明设备安装功率（kW）；n_0 为考虑玻璃反射和顶棚内通风情况的修正系数，当灯罩有孔、自然通风散热于顶棚时取 0.5~0.6，当灯罩无通风孔时，视顶棚通风情况取 0.6~0.8；n_1 为同时使用系数，一般为 0.5~0.8；T 为开灯时刻；$\tau-T$ 为从开灯时刻算起到计算时刻的时间（h）；$X_{\tau-T}$ 为 $\tau-T$ 时间照明设备散热的冷负荷系数。

3) 设备、器具、管道及其他内部热源的散热量。在确定一些有大型耗能设备的场所的冷负荷时，如厂房、厨房、计算机比较集中的计算机房等，设备散热是需要重点考虑的。对于厨房中的灶具等，在无抽油烟机情况下，其散热问题有文献进行了专门讨论，在抽油烟机配备和安装良好情况下，设备散热量可以认为减少一半。

4) 食品、物料散热量。计算餐厅等建筑冷负荷时，需考虑食物的散热问题。食物的散热量难以准确计算，同时多数情况下在冷负荷计算中不占主要地位，因此可按每位就餐顾客 9W 散热标准估算。

(3) 室内湿源散湿形成的冷负荷

1) 人体散湿引起的潜热 Q_{r2} 为

$$Q_{r2} = \varphi n q_2$$

式中，φ 为群集系数；n 为计算时刻空调房间内总人数；q_2 为一名成年男子每小时散湿量引起的冷负荷（W）。

2) 食物散湿引起的潜热 Q_{ss} 为

$$Q_{ss} = 8.256 \varphi n$$

式中，φ 为群集系数，对于餐厅取 0.93；n 为计算时刻空调房间内的总人数。

3) 水面散湿引起的潜热 Q_{sz} 为

$$Q_{sz} = 0.28 r D$$

式中，r 为水的汽化潜热（kJ/kg），可查表求得；D 为敞开水面的蒸发散湿量（kg/h），等于蒸发面积与单位水面蒸发量的乘积。单位水面蒸发量与水温、室温及室内相对湿度有关，可计算或查表求得，不同地区查得的数据应注意进行大气压力修正。

将上述室外干扰量形成的负荷、室内干扰量形成的负荷以及室内湿源散湿形成的冷负荷等，根据发生的时间相加即得建筑本身的动态冷负荷。

2.3　负荷与分布式冷热电联产系统的关系

分布式冷热电联产系统的服务对象是中小型能源用户，如工业过程、建筑、园区等。冷热电联产系统设计必须根据用户的能源需求种类和特点，确定系统构成形式、装机容量和运行模式。如根据用户负荷的冷热电比例，选择相应的动力、制冷和制热装置，实现系统高效运行。由于冷热电联产系统服务对象往往相对单一，加之临近用户设置，用户负荷的波动会迅速反映到冷热电联产系统。因此冷热电负荷，尤其是负荷动态特性的测算和选取，对于冷热电联产系统的初投资以及运行经济性往往会产生决定性影响。实际上，已经出现了由于负荷估算过大或对负荷动态考虑不足而致使冷热电联产系统运转不良，甚至长期停运的案例。可见，对用户的负荷及其动态特性有一个尽可能明确的认识，是对分布式冷热电联产系统设计的基本要求和前提条件。

建筑作为分布式冷热电联产系统的服务对象，可以按其功能分为民用建筑、工业建筑和农业建筑。其中，民用建筑是指供人们居住、生活、工作和从事文化、商业、医疗、交通等公共活动的房屋；工业建筑是供人们从事各类生产的厂房及仓库等辅助用房屋；农业建筑则是供人们从事农牧业的种植、养殖、畜牧、贮存等用途的房屋。建筑功能不同，负荷指标和负荷动态变化规律会有很大差异，相应的冷热电联产系统构建形式和运行策略也会有很大差异。不同功能的建筑在进行冷热电联产系统规划时需要考虑一些主要因素。

2.3.1　冷热电联产系统负荷的动态特征

冷热电负荷时刻变化，存在着较大的波动，如昼夜峰谷、季节峰谷等情况。相同功能的建筑往往存在相似负荷动态特征，可以按照建筑功能来分析用户冷热电联产负荷的动态特性。饭店、医院、商业设施与写字楼等各类建筑一年中各月份和一天中各小时的电、热负荷归一化数据见表2-12～表2-18。可见各类建筑的典型负荷波形差异很大，同类建筑逐月分时波形差异也很大，因此，必须认真分析、区别对待、区别规划对应的冷热电联产系统负荷。否则，将造成供不应求，或者是欲节能反而使能源消耗增加的结果。

2.3.2　动态负荷变化与冷热电联产系统的耦合

传统分产方式的冷、热、电供应，随着负荷的动态变化，只能采取调燃料量或耗电量的方式。而冷热电联产系统则不同，需要有效调整动力、冷和热之间的关系，以满足负荷的动态变化。否则，冷热电联产系统性能和可靠性都将不能很好地体现。冷热电联产系统的运行效果不仅与自身的设备特性有关，也与负荷的动态特性有密切关系。

动态负荷变化与冷热电联产系统的耦合是指如何通过冷热电联产系统的形式和选择、动力、制冷和供热容量的选取，以及系统运行方式和运行时间的确定，最终实现冷热电联产系统变工况特性与用户动态负荷相匹配。

表 2-12 饭店的电、热动态负荷数据

分月数据													
月份		1	2	3	4	5	6	7	8	9	10	11	12	合计
电力负荷/kW		7.5	6.5	6.8	7.0	8.1	8.2	9.5	10.4	9.9	9.4	8.6	8.1	100
热负荷/kW	热水	10.16	10.07	9.51	8.65	7.78	7.33	7.33	6.23	7.02	7.57	8.71	9.64	100
	供暖	20.54	17.87	14.41	12.48	3.07	0	0	0	0	0	12.77	18.86	100
	供冷	1.00	0.91	3.11	3.89	7.56	14.06	21.42	24.77	14.96	5.18	2.14	1.00	100
期间		冬季				过渡季		夏季			过渡季		冬季	

分时数据									
负荷	电力/kW			热水/kW	供热/kW		供冷/kW		
期间	夏季	冬季	过渡季	全年平均	冬季	过渡季	夏季	冬季	过渡季
0时	2.81	2.68	2.67	2.37	3.05	5.35	2.34	0	0.29
1时	2.55	2.74	2.45	1.43	3.43	3.21	1.80	0	0.29
2时	2.41	2.31	2.32	0.64	3.81	2.67	1.71	0	0.29
3时	2.41	2.36	2.27	0.38	3.43	2.41	1.53	0	0.29
4时	2.38	2.19	2.40	0.73	3.05	2.41	1.44	0	0.29
5时	2.53	2.29	2.51	2.35	3.05	2.67	1.35	0	0.29
6时	3.14	3.07	3.15	4.64	3.24	3.21	1.80	0	0.29
7时	3.58	3.56	3.77	4.53	4.19	4.28	1.98	0	0.34
8时	4.00	3.79	4.12	3.97	5.71	4.28	1.98	0	0.86
9时	4.79	4.31	4.67	3.80	4.95	3.48	3.52	4.95	4.87
10时	5.17	4.84	4.98	4.51	5.14	4.55	3.61	4.95	4.58
11时	5.31	5.38	5.20	3.25	4.95	4.55	3.61	7.43	8.59
12时	5.55	5.34	5.23	3.59	4.95	5.35	7.13	9.89	8.59
13时	5.45	5.44	5.27	4.08	5.14	5.88	7.22	8.90	9.43
14时	5.24	5.47	5.27	3.80	4.95	6.42	8.68	8.42	6.87
15时	5.31	5.46	5.36	3.95	6.10	5.88	6.49	5.94	5.73
16时	5.24	5.89	5.32	4.23	7.24	6.42	6.58	6.44	6.01
17时	5.31	6.04	5.50	4.68	6.86	6.92	6.67	5.94	6.01
18时	5.28	5.64	5.46	5.36	6.10	6.42	6.94	5.94	5.73
19时	5.07	5.36	5.32	7.48	5.33	5.35	7.03	6.44	6.59
20时	4.63	4.87	4.94	8.57	1.52	0.27	6.85	7.43	6.59
21时	4.33	4.22	4.39	8.96	1.14	0	4.51	8.42	8.59
22时	4.37	3.90	4.41	7.74	0	2.67	2.34	8.91	8.59
23时	3.14	2.85	3.02	4.96	2.67	5.35	2.16	0	0
合计	100	100	100	100	100	100	100	100	100

表 2-13 医院的电、热动态负荷数据

分月数据													
月份		1	2	3	4	5	6	7	8	9	10	11	12	合计
电力负荷/kW		7.94	7.41	8.11	7.64	7.79	8.45	9.33	10.06	8.85	8.41	8.15	7.86	100
热负荷/kW	热水	9.51	9.98	10.05	9.85	8.09	7.88	7.13	5.54	5.76	7.87	8.19	10.15	100
	供暖	27.50	21.20	19.92	2.67	0	0	0	0	0	0	8.64	20.07	100
	供冷	0	0	0	0	4.26	9.84	32.58	36.96	7.57	8.79	0	0	100
期间		冬季			过渡季		夏季				过渡季		冬季	

分时数据										
负荷	电力/kW			热水/kW			供热/kW		供冷/kW	
期间	夏季	冬季	过渡季	夏季	冬季	过渡季	冬季	过渡季	夏季	过渡季
0时	2.19	2.04	2.04	0.46	0.58	0.49	0.20	0	1.60	2.70
1时	2.09	1.97	1.98	0.33	0.45	0.36	0.30	0	1.60	2.60
2时	2.04	1.91	1.89	0.26	0.35	0.29	0.30	0	1.50	2.50
3时	2.00	1.91	1.89	0.26	0.29	0.29	0.30	0	1.50	2.50
4时	2.06	1.86	1.85	0.56	0.48	0.55	0.30	0	1.50	2.40
5时	2.15	2.06	2.02	1.34	1.45	1.40	5.10	7.20	3.40	3.40
6时	3.02	3.17	2.92	2.20	0.97	2.25	4.70	8.10	2.60	2.50
7时	4.32	4.31	4.31	3.21	0.39	3.32	4.70	7.30	2.80	2.60
8时	5.43	5.44	5.56	7.18	7.58	7.06	10.30	10.50	6.40	4.30
9时	5.94	6.07	6.18	9.17	8.39	9.05	8.30	7.20	6.30	5.00
10时	6.07	6.20	6.28	9.92	10.07	9.71	7.50	6.80	6.60	5.30
11时	6.05	6.18	6.27	7.90	8.10	7.55	6.90	6.00	6.80	5.80
12时	5.90	5.96	6.09	8.62	8.90	8.50	6.40	5.30	6.90	6.30
13时	5.94	6.01	6.09	9.40	9.52	9.34	5.00	5.10	6.10	6.10
14时	6.06	6.09	6.18	8.36	8.71	8.59	5.00	4.80	6.10	6.10
15时	5.92	6.05	6.07	6.32	6.87	6.41	4.80	4.30	6.30	6.40
16时	5.70	5.88	5.83	5.14	5.65	5.11	4.90	4.00	6.30	6.40
17时	5.23	5.38	5.30	5.67	5.77	5.47	5.00	3.90	6.20	6.10
18时	4.94	5.03	4.97	5.18	4.97	5.05	5.00	3.90	5.80	5.40
19时	4.70	4.75	4.66	4.00	3.90	4.04	3.50	3.60	3.60	3.40
20时	4.15	4.01	4.11	2.06	2.23	2.21	3.50	3.60	3.10	3.30
21时	3.08	3.08	2.92	1.05	1.29	1.14	3.60	3.70	3.00	3.20
22时	2.60	2.47	2.44	0.72	1.03	0.88	4.00	5.30	2.80	3.10
23时	2.42	2.17	2.15	0.69	1.06	0.94	0.20	0	1.60	2.80
合计	100	100	100	100	100	100	100	100	100	100

表 2-14　商业设施的电、热动态负荷数据

分月数据														
月份		1	2	3	4	5	6	7	8	9	10	11	12	合计
电力负荷/kW		7.10	7.10	7.67	7.90	8.96	9.33	9.42	8.91	9.48	8.74	7.49	7.90	100
热负荷/kW	热水	7.66	8.02	9.18	9.07	7.83	7.26	7.99	7.84	8.12	7.62	9.06	10.35	100
	供暖	32.81	29.63	15.87	0	0	0	0	0	0	0	0	21.69	100
	供冷	0	1.21	2.83	4.05	8.91	12.63	19.27	20.83	13.68	10.93	3.64	2.02	100
期间		冬季			过渡季		夏季				过渡季		冬季	

分时数据						
负荷		电力/kW			热水/kW	供热/kW	供冷/kW
期间	夏季	冬季	过渡季	全年平均	冬季	夏季
0时	0.10	0.10	0.10	0	0	0
1时	0.10	0.10	0.10	0	0	0
2时	0.10	0.10	0.10	0	0	0
3时	0.10	0.10	0.10	0	0	0
4时	0.10	0.10	0.10	0	0	0
5时	0.10	0.10	0.10	0	0	0
6时	0.30	0.40	0.27	0	0	0
7时	1.00	1.40	1.80	0	0	0
8时	6.39	5.40	5.37	1.25	16.9	7.9
9时	9.09	8.90	9.12	9.17	12.8	7.3
10时	8.89	8.90	10.11	10.1	10.3	8.3
11时	8.89	8.90	12.24	2.5	9.4	8.7
12时	8.89	8.90	11.21	8.41	7.5	10
13时	9.09	9.00	8.22	17.15	6.9	10.2
14时	9.30	9.10	4.12	17.12	5.6	11.2
15时	9.29	9.10	3.21	5.36	5.4	11.2
16时	9.19	9.00	8.69	3.67	7.3	9.6
17时	8.89	8.80	9.12	10.54	8.8	8
18时	7.89	8.40	8.40	13.54	9.1	7.6
19时	1.8	2.50	3.66	1.19	0	0
20时	0.20	0.30	1.11	0	0	0
21时	0.10	0.20	0.92	0	0	0
22时	0.10	0.10	0.82	0	0	0
23时	0.10	0.10	0.10	0	0	0
合计	100	100	100	100	100	100

表 2-15 写字楼（标准型）的电、热动态负荷数据

分月数据													
月份		1	2	3	4	5	6	7	8	9	10	11	12	合计
电力负荷/kW		7.15	7.43	8.15	7.9	8.03	8.95	10.07	9.87	8.89	8.66	7.22	7.68	100
热负荷/kW	热水	13.79	17.24	13.79	10.34	6.9	3.45	3.45	3.45	3.45	6.9	6.9	10.34	100
	供暖	25.93	22.79	17.66	4.27	0	0	0	0	0	0	7.98	21.37	100
	供冷	0	0	0	0	3.92	15.67	27.63	30.72	19.79	2.27	0	0	100
期间		冬季			过渡季		夏季				过渡季		冬季	

分时数据										
负荷	电力/kW			热水/kW			供热/kW		供冷/kW	
期间	夏季	冬季	过渡季	夏季	冬季	过渡季	冬季	过渡季	夏季	过渡季
0时	0.82	0.84	0.85	0	0	0	0	0	0	0
1时	0.73	0.76	0.78	0	0	0	0	0	0	0
2时	0.69	0.69	0.71	0	0	0	0	0	0	0
3时	0.69	0.69	0.76	0	0	0	0	0	0	0
4时	0.69	0.67	0.71	0	0	0	0	0	0	0
5时	0.69	0.69	0.73	0	0	5.21	0	0	0	0
6时	0.88	0.94	0.95	3.79	1.97	0.26	0	0	0	0
7时	1.86	1.7	1.78	4.55	0.33	3.91	0.3	0	1.79	0.4
8时	5.61	5.67	5.48	6.06	1.64	5.21	16.99	14.76	9.57	11.78
9时	7.32	7.4	7.31	4.55	6.57	4.43	12.29	13.65	9.17	13.37
10时	7.64	7.57	7.62	11.36	5.75	11.98	8.09	7.48	8.97	11.19
11时	7.66	7.64	7.72	13.64	14.78	10.68	10.29	8.39	9.27	11.88
12时	7.71	7.57	7.7	15.13	12.48	19.78	10.49	12.44	9.37	10.4
13时	7.78	7.65	7.8	11.36	27.09	5.47	10.29	13.04	9.27	11.68
14时	7.82	7.65	7.89	7.58	8.7	6.51	8.39	12.84	8.97	11.78
15时	7.75	7.62	7.84	4.55	4.43	5.47	8.19	12.54	10.69	11.19
16时	7.68	7.62	7.8	6.06	4.27	5.99	9.09	3.44	8.97	3.68
17时	6.63	6.61	6.6	3.79	4.27	5.47	5.59	1.42	9.27	1.68
18时	5.5	5.43	5.21	4.55	3.78	5.73	0	0	3.89	0.5
19时	4.81	4.71	4.58	3.03	3.94	2.6	0	0	0.4	0
20时	3.52	3.82	3.56	0	0	1.3	0	0	0.4	0.3
21时	2.65	2.98	2.68	0	0	0	0	0	0	0
22时	1.88	2.07	1.92	0	0	0	0	0	0	0
23时	0.99	1.01	1.02	0	0	0	0	0	0	0
合计	100	100	100	100	100	100	100	100	100	100

表 2-16 写字楼（办公智能化型）的电、热动态负荷数据

分月数据													
月份		1	2	3	4	5	6	7	8	9	10	11	12	合计
电力负荷/kW		8.04	7.37	8.23	8.22	8.40	8.58	9.18	9.01	8.48	8.55	8.11	7.91	100
热负荷/kW	热水	13.79	17.24	13.79	10.34	6.9	3.45	3.45	3.45	3.45	6.9	6.9	10.34	100
	供暖	25.93	22.79	17.66	4.27	0	0	0	0	0	0	7.98	21.37	100
	供冷	4.08	3.84	4.78	6.38	8.23	11.11	14.00	15.81	11.88	8.87	6.44	4.58	100
期间		冬季				过渡季		夏季			过渡季		冬季	

分时数据												
负荷	电力/kW			热水/kW			供热/kW		供冷/kW		
期间	夏季	冬季	过渡季	夏季	冬季	过渡季	冬季	过渡季	夏季	冬季	过渡季
0时	1.90	1.83	1.83	0	0	0	0	0	0	0	0
1时	1.55	1.65	1.65	0	0	0	0	0	0	0	0
2时	1.55	1.65	1.65	0	0	0	0	0	0	0	0
3时	1.55	1.65	1.65	0	0	0	0	0	0	0	0
4时	1.55	1.65	1.65	0	0	0	0	0	0	0	0
5时	1.55	1.65	1.65	0	0	5.21	0	0	0	0	0
6时	1.55	1.65	1.65	3.79	1.97	0.26	0	0	0	0	0
7时	1.72	1.48	1.48	4.55	0.33	3.91	0.30	0	1.28	0	0.20
8时	5.27	5.61	5.61	6.06	1.64	5.21	16.99	14.76	9.43	9.09	10.43
9时	5.79	6.31	6.31	4.55	6.57	4.43	12.29	13.65	9.15	9.09	11.22
10时	6.33	6.84	6.84	11.36	5.75	11.98	8.09	7.48	9.00	9.09	10.14
11时	7.02	6.84	6.84	13.64	14.78	10.68	10.39	8.39	9.22	9.09	10.48
12时	7.02	6.84	6.84	15.13	12.48	19.78	10.49	12.44	9.00	9.09	9.74
13时	7.02	6.84	6.84	11.36	27.09	5.47	10.29	13.04	9.22	9.09	10.38
14时	7.02	6.84	6.84	7.58	8.70	6.51	8.39	12.29	9.30	9.10	10.44
15时	7.02	6.84	6.84	4.55	4.43	5.47	8.19	12.54	10.24	9.09	10.14
16时	7.02	6.84	6.84	6.06	4.27	5.99	9.09	3.44	9.00	9.09	6.48
17时	7.02	6.84	6.84	3.79	4.27	5.47	5.59	1.42	9.22	9.09	5.39
18时	6.85	6.84	6.84	4.55	3.78	5.73	0	0	5.37	9.09	4.81
19时	3.30	3.40	3.40	3.03	3.94	2.60	0	0	0.29	0	0
20时	3.30	3.05	3.05	0	0	1.30	0	0	0.29	0	0.15
21时	2.60	2.68	2.68	0	0	0	0	0	0	0	0
22时	2.43	2.18	2.18	0	0	0	0	0	0	0	0
23时	2.07	2.00	2.00	0	0	0	0	0	0	0	0
合计	100	100	100	100	100	100	100	100	100	100	100

表 2-17 体育运动设施的电、热动态负荷数据

分月数据													
月份	1	2	3	4	5	6	7	8	9	10	11	12	合计
电力负荷/kW	7.90	7.42	7.84	7.75	8.73	7.92	9.58	9.61	8.95	8.52	7.75	8.03	99.99
热负荷/kW 热水	11.20	12.56	11.68	10.86	7.81	6.56	6.69	4.40	4.45	7.16	7.72	8.91	100
热负荷/kW 供暖	17.08	20.42	17.72	5.54	5.16	4.38	3.74	1.02	2.13	3.52	4.64	14.65	100
热负荷/kW 供冷	0	0	0	2.04	7.76	12.47	19.47	27.09	18.19	10.31	2.67	0	100.01
期间	冬季			过渡季		夏季				过渡季		冬季	

分时数据					
负荷	电力/kW		热水/kW	供热/kW	供冷/kW
期间	夏季、过渡季	冬季	平均	平均	平均
0时	0.60	0	0	0	0
1时	0.60	0	0	0	0
2时	0.60	0	0	0	0
3时	0.60	0	0	0	0
4时	0.60	0	0	0	0
5时	0.60	0	0	0	0
6时	2.71	3.65	0	1.95	0.69
7时	5.72	7.07	4.80	7.74	6.25
8时	5.72	6.61	6.84	6.74	6.25
9时	5.57	5.80	6.63	6.49	6.25
10时	5.57	4.93	6.39	6.49	6.12
11时	5.72	2.81	4.40	6.74	6.12
12时	5.87	1.77	3.78	6.23	6.12
13时	5.94	3.16	4.60	5.97	6.25
14时	6.02	3.51	4.80	5.97	6.32
15时	5.94	4.35	5.31	5.84	6.39
16时	5.87	6.93	6.84	5.84	6.54
17时	6.02	6.09	6.33	5.71	6.54
18时	6.26	6.61	6.63	5.97	6.40
19时	6.47	7.80	7.35	6.23	6.25
20时	6.47	8.32	7.65	5.97	6.39
21时	6.02	8.65	7.87	6.23	6.39
22时	3.76	8.49	7.75	3.89	4.17
23时	0.75	3.45	2.03	0	0.56
合计	100	100	100	100	100

表 2-18 住宅的电、热动态负荷数据

分月数据													
月份		1	2	3	4	5	6	7	8	9	10	11	12	合计
电力负荷/kW		10.03	8.63	8.87	8.47	7.78	6.86	8.17	9.49	8.28	7.66	7.64	8.12	100
热负荷/kW	热水	12.08	12.55	12.32	10.32	9.04	6.76	5.41	3.76	3.87	6.22	7.1	10.57	100
	供暖	24.03	20.06	20.08	8.11	0	0	0	0	0	0	8.95	18.77	100
	供冷	0	0	0	0	0	7.96	32.14	47.76	12.14	0	0	0	100
期间		冬季			过渡季		夏季				过渡季		冬季	

分时数据								
负荷	电力/kW			热水/kW			供热/kW	供冷/kW
期间	夏季	冬季	过渡季	夏季	冬季	过渡季	冬季	夏季
0时	1.3	1.6	1.6	1.5	2.7	3	4	0.3
1时	1.3	1.5	1.6	1.7	0.3	0.3	2.6	0.3
2时	1.3	1.4	1.6	1.1	0.2	0.1	1.8	0.3
3时	1.3	1.4	1.6	0	0	0	1.8	0.3
4时	0.8	1.5	1.6	0	0	0	1.8	0.3
5时	0.8	1.5	0.9	0.2	0.3	0.3	2.3	0.3
6时	2.6	3	3.4	1.3	2	2.3	3.1	0.3
7时	3.6	4.6	3.7	2.3	3.5	2.8	5.6	1.4
8时	4	5.1	3.7	2.3	2.9	2.6	4.4	1.9
9时	3.5	4.6	3.7	2	3.5	2.7	4.5	2.3
10时	3.5	4.5	3.7	1.7	2.9	2	2.7	2.4
11时	3.6	4.5	3.7	2.1	2.6	2.3	4	3.1
12时	3.8	4.5	3.7	1.8	2.1	1.6	3.9	4.1
13时	4.1	4.5	3.7	1.8	2.1	1.6	3.9	6.1
14时	4.1	4.5	3.7	1.8	1.8	1.4	3.9	6.7
15时	3.9	4.5	3.7	1.8	1.8	1.4	4.1	5.2
16时	3.7	4.5	3.7	4	3.6	3.4	4.1	5.2
17时	3.8	6.3	3.9	7	7.2	9.5	5.7	4.7
18时	5.6	6.3	6.3	9.5	8.5	11.2	6.1	4.7
19时	9.9	7.1	9.1	12.5	11.8	13.2	6.1	12.5
20时	9.8	6.7	8.9	12.3	13.3	13.8	6.2	13.8
21时	9.3	6.2	7.9	12.2	11.3	9.4	6	12
22时	7.9	5.5	7.4	12.1	9	9.5	5.8	6.7
23时	6.5	4.2	7.2	6.8	6.6	5.6	5.6	5.9
合计	100	100	100	100	100	100	100	100

2.3.3 分布式冷热电联产系统的构思

分布式冷热电联产系统常采用微型和小型燃气轮机或内燃机。微型和小型燃气轮机的发电效率为28%~35%，低于40%。涡轮机进口温度在1000℃左右，排烟温度为450~550℃，有回热的情况下，回热器排烟温度低于350℃。而内燃机发电的效率通常在35%以上，一些内燃机的发电效率甚至超过了40%，而其一半余热以400~450℃烟气的形式排出；还有一半余热以80~90℃的缸套水排出。这部分缸套水余热因温度低，利用受到局限，通常仅作为采暖和加热生活热水等。

不同的建筑类型，有着对冷热电不同的追求。选择分布式联产系统，要因地制宜，看用户更加追求什么。办公楼、商场，用户更加追求电负荷，不太追求热水负荷，而对于医院、洗浴等，用户除追求电负荷之外，对热水负荷的追求更高。

图2-4为各类建筑冬、夏季电热负荷的比例。由图2-4可知，商业设施、写字楼电热负荷比较大，甚至超过1∶1，而医院、饭店等电热负荷比较小。由图2-4还可以看出，写字楼的冬、夏两季电热负荷比变化很大，而医院、饭店等全年比例变化很小。因此，对于办公楼、商场等建筑，由于其电负荷相对热负荷较大，生活热水负荷很小，应选择燃气轮机构成冷热电联产系统；对于医院、饭店、洗浴中心等需要大量热水的用户，采用内燃机冷热电联

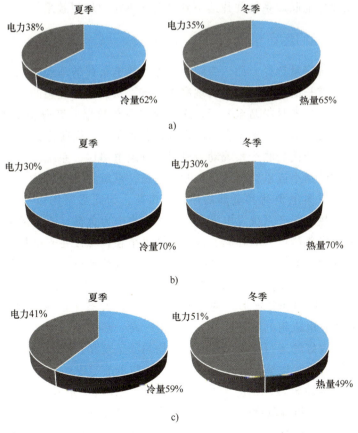

图2-4　各类建筑冬、夏季电热负荷的比例

a) 饭店　b) 医院　c) 商业设施

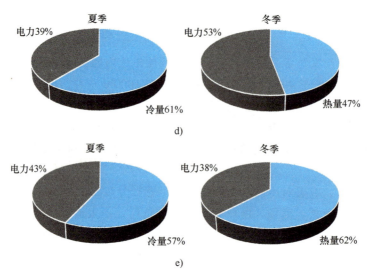

图 2-4 各类建筑冬、夏季电热负荷的比例（续）
d) 写字楼（标准型） e) 写字楼（办公智能化型）

产方式会更合理；而对于住宅类建筑，由于其单位面积电负荷较小，冷热指标也通常低于大型建筑，因此采用冷热电联产系统往往达不到分布式供能的理想效果。

2.3.4 系统容量和运行模式

在冷热电联产系统容量选择方面，要综合考虑冷热电负荷的动态变化和系统的变工况特性，以保证系统在足够长的运行时间内实现高效运行，从而达到理想的经济性。根据用户的电、冷、热全年各季度、各月份乃至各天、逐小时的负荷数据，区分基本负荷和尖峰负荷，在系统集成形式确定的前提下，确定合适的系统设备容量，进而确定系统运行时间和运行方式。用户负荷的电热比越接近联产系统动力机组的额定电热比，系统运行效率越高；用户全年电、冷、热负荷波动越小或系统高效运行时间越长，系统经济性越佳。一般而言，分布式冷热电联产系统满足基本电负荷和全部的热、冷负荷，为此常采用以冷、热定电的设计模式。常用的做法是冷热电联产系统发电满足用户的基本电力负荷，不足的部分电力从网上购买，而对冷、热的尖峰负荷可采取补燃、蓄能或增设单独调峰设备来满足。

系统具有良好的变工况特性是实现系统经济、可靠运行的重要保障。除了单一设备应具有良好变工况性能以外，系统集成手段对实现良好的变工况运行也起到关键作用。例如图 2-5 描述了燃气轮机单轴和分轴形式的变工况特性，以及有无回热情况下的变工况特性。因此冷热电联产系统发电机组的容量选择应基于电、冷、热等负荷的动态特性，保证机组在大部分时间内能达到较好的运行效果。如果负荷均匀或呈现高、低两个阶梯，则可以采用单台大容量机组或一大一小，以满足需要。多台燃气轮机的变工况特性如图 2-6 所示，如果负荷由高到低变化的连续性较强，则应考虑采用多台机组并联的形式，以改善系统变工况性能。图 2-6 中，单台机组随着负荷减小，效率降低，而多台机组在 $2P/3$ 和 $P/3$ 负荷时仍可按照额定工况运行，达到改善变工况性能的目的。通常，机组台数多、单台机组容量小，其额定发电效率就低；但是，多台机组联合运行，单台机组偏离额定工况的程度较小，使系统在负荷较小时,发电效率也不会太低。机组台数较少时,虽然额定工况时发电效率较高,但一年中冷热电联产系统大部分时间都是在部分负荷下运行。在部分负荷时,单台机组严重偏离额定工况,致使总体发电效率降低。所以,对于给定负荷的冷热电联产系统,机组台数的选择应有一个最佳值。

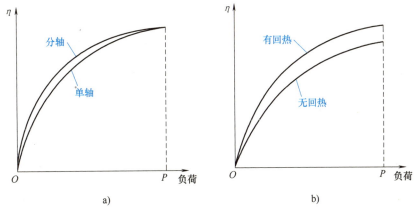

图 2-5 燃气轮机的选型与变工况特性
a)单轴与分轴 b)有回热与无回热

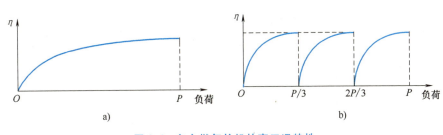

图 2-6 多台燃气轮机的变工况特性
a)单台燃气轮机 b)3 台燃气轮机

对于给定形式和机组容量的分布式冷热电联产系统,负荷动态变化直接影响冷热电联产系统的运行调节。冷热电联产系统一般与公用电网联网运行。下面以一个由燃气轮机、吸收式制冷机、电压缩制冷机、换热器、蓄冷共同组成的冷热电联产系统为例,说明负荷动态特性对系统运行的影响。燃气轮机发电的同时,用排出的烟气驱动吸收式制冷机、烟气余热进一步被换热器回收产生生活热水。对于并网但不上网的情况,冷热电联产系统只满足部分电力负荷,此时根据冷热负荷变化决定冷热电联产系统的运行参数。当冷负荷大于余热制冷容量时,冷热电联产系统满负荷运转,不足的冷负荷由释放蓄冷和电压缩制冷机解决;而当冷负荷小于余热制冷容量时,冷热电联产系统也可以满负荷运行,多余的冷量蓄存起来。电压缩制冷机组的主要作用是利用低谷电和冷热电联产系统的多余电力蓄冷。当冷热电联产系统的电冷比大于其负荷的电冷比时,电压缩制冷系统开始工作,把多余的电转化为冷存储起来。当冷热电联产系统的电冷比小于负荷电冷比时,将蓄能装置所存储的冷量释放出来。在过渡季,没有冷、热负荷的情况下,冷热电联产系统将停止运行。可见,冷热电联产系统运行方式和运行时间的选择是保证冷热电联产系统高效运转、余热得到充分利用、实现冷热电联产系统与用户负荷达到最佳匹配、获得最佳经济效益的重要手段。

分布式能源

拓 展 阅 读

2020年9月，我国明确提出2030年"碳达峰"和2060年"碳中和"的目标。能源是重中之重，煤电行业是碳减排的重要领域。国家能源集团泰州发电有限公司加快绿色低碳转型，策划实施50万t二氧化碳捕集、利用与封存（CCUS）项目。发电厂通过脱硫双塔双循环、低氮燃烧器和脱硝SCR、湿式电除尘、凝变湿除等技术革新，主要污染物排放大幅下降，实现了包括SO_2、NO_x、粉尘等污染物的超低排放，以及SO_3、Hg等污染物的协同脱除，将CO_2从工业排放源中分离后或直接加以利用或封存，以实现CO_2减排的工业过程，为煤电机组减碳固碳提供了关键的路径。

国家能源集团泰州发电有限公司以发电为主业，不断创新创造，在发展中攻克技术难点，建成"百万二次再热"首台套。据了解，二次再热技术有效提高了发电效率，降低了机组煤耗，以每年发电130亿kW·h计算，二期两台机组一年可节约标煤约48万t，减少CO_2排放量约130万t，相当于种植了1170万棵树。

第3章

可再生能源发电导论

3.1 太阳能发电

3.1.1 太阳能概述

1. 太阳辐射

太阳能发电

热量的传播有传导、对流和辐射三种形式。太阳主要是以辐射的形式向广阔无垠的宇宙传播它的热量和微粒,这种传播的过程就称为太阳辐射。太阳辐射不仅是地球获得热量的根本途径,也是影响人类和其他一切生物的生存活动以及地球气候变化的最重要的因素。

太阳辐射可分为两种。一种是太阳发射出来的光辐射,因为它以电磁波形式传播光热,所以又称为电磁波辐射。这种辐射由可见光和人眼看不见的不可见光组成。另一种是微粒辐射,它是由带正电荷的质子和大致等量的带负电荷的电子以及其他粒子所组成的粒子流。微粒辐射平时较弱,能量也不稳定,在太阳活动极大期最为强烈,对人类和地球高层大气有一定的影响。但一般来说,不等微粒辐射到达地球表面,它便在日地遥远的路途中逐渐消失了。因此,太阳辐射主要是指光辐射。

太阳辐射送往地球不但要经过遥远的"旅程",并且还要遇到各种阻挡,受到各种影响。地球表面被对流层、平流层和电离层三层大气紧紧包围,总厚度高达1200km以上。当太阳从1.5亿km远的地方把它的光热和微粒流以30万km/s的速度向地球辐射时,必然要受到地球大气层的干扰和阻挡,不能畅通无阻地投射到地球表面上。正是由于地球大气层的这种干扰和阻挡作用,太阳辐射中的一些有害部分,如微粒、紫外线、X射线等,大部分被消除,从而使得人类和各种生物得到保护,能够在地球上平安地生存下来。

2. 太阳辐照度的影响因素

太阳辐照度是指太阳以辐射形式发射出的功率投射到单位面积上的数量。由于大气层的存在,真正到达地球表面的太阳辐射能的大小要受到多种因素的影响。一般来说,太阳高度角、大气质量、大气透明度、地理纬度、日照时间及海拔高度是影响太阳辐照度的主要因素。

1) 太阳高度角。太阳高度角即太阳位于地平面以上的高度角,常用太阳光线和地平线的夹角即入射角 θ 来表示。入射角大,太阳高,辐照度也大;反之,入射角小,太阳低,辐照度也小。

2) 大气质量。大气质量是直射阳光光束透过大气层所通过的路程,以直射太阳光束从太阳到达海平面所通过的路程的倍数来表示。由于大气的存在,太阳辐射能在到达地面之前将受到很大的衰减。因此，大气质量越大，表明太阳受大气衰减的程度越大。

3）大气透明度。大气透明度是表征大气对于太阳光线透过程度的一个参数。在晴朗无云的天气、大气透明度高，到达地面的太阳辐射能就多些；在天空中云雾很多或风沙灰尘很多时，大气透明度很低，到达地面的太阳辐射能就较少。

4）地理纬度。太阳辐射能量由低纬度向高纬度逐渐减弱。

5）日照时间。日照时间越长，地面所获得的太阳总辐射量就越大。

6）海拔高度。海拔越高，大气透明度也越高，太阳直接辐射量也就越大。

此外，日地距离、地形、地势等对太阳辐照度也有一定的影响。如地球在近日点要比远日点的平均气温高4℃。又如，在同一纬度上，盆地要比平川气温高，阳坡要比阴坡热。

3. 太阳能的特点

太阳能作为一种可再生能源，越来越受到人们的重视，这是因为它与常规能源相比，具有以下几个方面的优势。

1）太阳能资源比比皆是，无论是海洋、高山或平原、沙漠或草地都可就地取用，不像常规能源，如煤炭、石油等，需要开采和运输。

2）太阳能是一种清洁的能源，在开发与利用过程中没有废渣、废料、废水、废气排出，没有噪声，不产生对人体有害的物质，不会给环境造成污染。而常规能源则不然，使用时会给人类和环境造成污染。

3）每年地球所能收到的太阳能据估计至少为 $6\times10^7 kW\cdot h$，约合 74 万亿 t 标准煤发出的能量，相当于全球总能耗的几万倍，是当今世界可以开发的数量最大的能源，也是地球未来的主要能源。

4）据计算，太阳释放的能量相当于每秒内爆炸 910 亿个百万吨级的氢弹，按核反应速度计算，太阳上氢的储量足够维持 600 亿年，而与地球上的人类寿命相比，可以说太阳能是一种取之不尽、用之不竭的长久能源。

另外，太阳能不受任何人的控制与垄断，无私、免费、公平地给予地球上的人们。这些优点都是常规能源所无法比拟的。

不过，太阳能也有其缺点，主要如下。

1）太阳辐射的总量虽然很大，但是分布到地球表面上每单位面积的能量却很少，即能量密度低。一般在夏季阳光较好时，在太阳能资源较丰富的地区，地面上接收的太阳辐射照度为 $500\sim1000W/m^2$，全年平均值为 $400\sim500W/m^2$，因此在开发利用太阳能时，需要很大的采光面积，占地多，涉及的一次性投资也较大。

2）由于夜晚得不到太阳辐射，这样昼夜交替，太阳能设备在夜间无法工作，因此需要考虑和配备储能设备，供夜间使用，或增设其他能源，才能全天候应用。

3）天气的晴阴、云雨变化难以确定，再加上季节变异以及其他因素都会影响太阳能设备工作的稳定性。

因此，收集和储存是太阳能利用的关键技术，是亟须解决的问题。

3.1.2 我国太阳能资源分布的主要特点

我国土地辽阔，幅员广大。在我国广阔富饶的土地上，有着十分丰富的太阳能资源。全国各地太阳年辐射总量为 $3340\sim8400MJ/m^2$，中值为 $5852MJ/m^2$。从我国太阳能辐射总量的分布来看，西藏、青海、新疆、宁夏北部、甘肃、内蒙古南部、山西北部、陕西北部、辽宁、河北东南部、山东东南部、河南东南部、吉林西部、云南中部和西南部、广东东南部、福建东南部、海南岛东部和西部，以及台湾西南部等广大地区的太阳辐射总量都很大。

我国的太阳能资源分布不均匀。青藏高原地区太阳能资源最丰富，该地区平均海拔在 4000m 以上，大气层薄而清洁，透明度好，纬度低，日照时间长。如人称"日光城"的拉萨市，1961—1970 年间年平均日照时数为 3005.7h，相对日照时数为 68%，年平均晴天为 108.5d，阴天为 98.8d，年平均云量为 4.8，年太阳辐射总量为 8160MJ/m^2，比全国其他省区和同纬度的地区都高。全国以四川和贵州两省及重庆市的太阳辐射总量最小，尤其是四川盆地，那里雨多、雾多、晴天较少。素有"雾都"之称的重庆市，年平均日照时数仅为 1152.2h，相对日照时数为 26%，年平均晴天为 24.7d，阴天达 244.6d，年平均云量高达 8.4。

我国的太阳能资源分区见表 3-1。一、二、三类地区，年日照时数大于 2200h，太阳年辐射总量高于 5016MJ/m^2，是我国太阳能资源丰富或较丰富的地区，面积较大，占全国总面积的 2/3 以上，具有利用太阳能的良好条件。四、五类地区，虽然太阳能资源条件较差，但是也有一定的利用价值，其中有些地方的太阳能资源是有可能被开发利用的。总之，从全国来看，我国是太阳能资源相当丰富的国家，具有发展太阳能利用事业得天独厚的优越条件，太阳能利用事业在我国有着广阔前景。

表 3-1 我国太阳能资源分区

类别	特点
一类地区	全年日照时数为 3200～3300h，在每平方米面积上一年内接收的太阳辐射总量为 6680～8400MJ，相当于 225～285kg 标准煤燃烧所发出的热量，包括宁夏北部、甘肃北部、新疆东南部、青海西部和西藏西部等地。这些地区是我国太阳能资源最丰富的地区，尤以西藏西部的太阳能资源最为丰富，全年日照时数达 2900～3400h，年辐射总量 7000～8000MJ/m^2，仅次于撒哈拉大沙漠，位居世界第 2 位
二类地区	全年日照时数为 3000～3200h，在每平方米面积上一年内接收的太阳辐射总量为 5852～6680MJ，相当于 200～225kg 标准煤燃烧所发出的热量，主要包括河北西北部、山西北部、内蒙古南部、宁夏南部、甘肃中部、青海东部、西藏东南部和新疆南部等地，此区为我国太阳能资源的较丰富区
三类地区	全年日照时数为 2200～3000h，在每平方米面积上一年内接收的太阳辐射总量为 5016～5852MJ，相当于 140～170kg 标准煤燃烧所发出的热量，主要包括山东东南部、河南东南部、河北东南部、山西南部、新疆北部、吉林、辽宁、云南、陕西北部、甘肃东南部、广东南部、福建北部、江苏北部、安徽北部、天津、北京和台湾西南部等地，此区为我国太阳能资源的中等类型区
四类地区	全年日照时数为 1400～2200h，在每平方米面积上一年内接收的太阳辐射总量为 4180～5016MJ，相当于 140～170kg 标准煤燃烧所发出的热量，主要包括湖南、湖北、广西、江西、浙江、福建北部、广东北部、陕西南部、江苏南部、安徽南部以及黑龙江、台湾东北部等地，这些地区是我国太阳能资源的较差地区
五类地区	全年日照时数为 1000～1400h，在每平方米面积上一年内接收的太阳辐射总量为 3344～4180MJ，相当于 115～140kg 标准煤燃烧所发出的热量，主要包括四川、贵州、重庆等地，此区是我国太阳能资源最少的地区

3.1.3 太阳能利用

太阳能可以各种形式在建筑中利用，如自然采光、被动式太阳房、太阳能热水系统、太阳能发电等。

1) 自然采光。自然采光具有舒适性好、节约能源等特点，因此，充分利用自然光，给室内提供一个良好的光环境，是建筑设计必须首先考虑的一个因素。另外，通过光导管将太阳光引入地下室等阴暗处，可以解决日照不良地方，如地下室、储藏间、地下停车场等的照明问题。

2) 被动式太阳房。被动式太阳房是一种构造简单、造价低，不需要任何辅助能源的建筑，它通过建筑方位合理布置和建筑构件的恰当处理，以自然热交换方式来获得太阳能。20世纪70年代以来，被动式太阳房在相当长时间内成为太阳能建筑发展的主流。

3) 太阳能热水系统。太阳能热水系统是目前太阳能热利用中最常见、最受人们认可的一种装置。它是由太阳能集热器接收太阳辐射能，再转换为热能，并向传热介质（最常见的是水）传递热量，从而获得热水供人们使用。除家用太阳能热水器外，现阶段集中式太阳能热水系统在酒店、公寓、高档住宅中的使用也越来越普及。

4) 太阳能发电。太阳能发电包括热发电和光伏发电。太阳能发电技术的应用如图3-1所示。

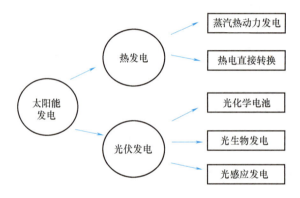

图3-1　太阳能发电技术的应用

3.1.4　太阳能热发电

1. 蒸汽热动力发电

太阳能热发电系统由集热部分、热能传输部分、蓄热与热交换部分和汽轮发电部分组成。其系统原理图如图3-2所示，实物图如图3-3所示。

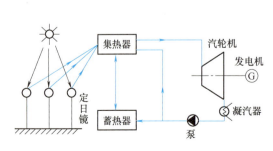

图3-2　太阳能热发电系统原理图

图3-3　太阳能热发电实物图

(1) 集热部分　定日镜（聚光系统）的作用是提高功率密度。集热器的作用是将聚焦后的太阳能辐射吸收，并转换为热能提供给工质。集热部分是指将太阳辐射能转化为热能并传递给工质的过程。平板集热器是太阳能热发电系统中的核心设备，用于将太阳辐射能吸收并转化为热能。它通常由多个平板热吸收器组成，热吸收器内部有管道或盘管，通过循环的工质在其中流动，吸收和带走热能。

(2) 热能传输部分　将集热器中收集到的热能通过热传输介质传送给蓄热部分。常见的热传输介质包括水、热油等，其选择取决于应用场景和温度要求。通过管道系统将热传输介质从集热器输送到蓄热部分。

(3) 蓄热与热交换部分　在蓄热部分，热传输介质将热能储存起来，以便在需要时释放热能供应给发电系统或其他热能利用设备。蓄热部分可以是热水储罐、热盐储罐等，其设计要考虑储存容量、热损失、热交换效率等因素。蓄热装置保证发电系统的热源稳定。热能通过热交换装置，转化为高温高压蒸汽。当需要利用储存的热能时，热传输介质从蓄热部分释放出来，传递给发电系统或其他热能利用设备。这可以通过热交换器实现，将储存的热能转移给工作介质（如水）来产生蒸汽，驱动涡轮机组进行发电。

(4) 汽轮发电部分　高压热蒸汽在推动汽轮机转动的同时，还通过专用的管道将一部分热能储存在蓄热器内。阴天、雨雪天及夜间没有太阳光，便由蓄热器来提供热能，从而保证太阳能热电站能够连续发电。

世界上第一座太阳能热电站是法国的奥德约太阳能热电站，虽然它的发电能力当初只有64kW，但却开创了太阳能热电的先河。2013年8月，在八达岭长城脚下，我国首座自主知识产权太阳能热发电实验电站，也是亚洲首座塔式太阳能热电站并网发电。

2. 热电直接转换

热电直接转换（Thermoelectric Direct Conversion，TDC）是一种将热能直接转化为电能的技术。它利用热电材料中的Seebeck效应，通过温度梯度产生的电压差来实现能量转换。

热电材料是一类具有特殊电热性能的材料，其主要特点是在温度梯度下会产生电压差。这个效应称为Seebeck效应，它基于热电材料内部电子的能级差异和热运动。当一个热电材料的两侧存在温度差时，热电材料内部的自由电子将从高温一侧向低温一侧运动，导致电子在材料内部积累，形成电荷分离，从而产生电动势差。

热电直接转换过程可以简单描述为以下几个步骤：通过在热电材料上建立温度梯度，如将一侧加热，另一侧冷却，形成温差；温度梯度引起热电材料内部的电子运动，导致电子在材料内部的能级分布发生变化，从而产生电动势差；通过连接热电材料的两侧形成电路，将产生的电动势差驱动电子流动，从而产生电流；电流乘以电压即可得到热电直接转换的输出功率。

热电直接转换技术具有一些优点，如无机械运动部件、高可靠性、无噪声、无污染等。然而，当前热电材料的转换效率相对较低，限制了其在实际应用中的推广。因此，目前的研究主要集中在开发新型热电材料，提高转换效率，并探索与其他能量转换技术（如太阳能、热能回收等）的结合应用，以进一步提升热电直接转换技术的性能和应用范围。

3.1.5　光伏发电

1. 光伏发电的概况

2021年，我国光伏发电量达3259亿kW·h，2022年光伏发电量约为3708亿kW·h，

2023年达到4206亿kW·h。随着光伏发电技术的深入发展,光伏发电这种绿色能源将成为未来社会的重要能源。

2014—2023年,我国光伏发电累计装机容量逐年增长,新增装机容量呈现先增长后下降又再次增长的趋势,如图3-4所示。

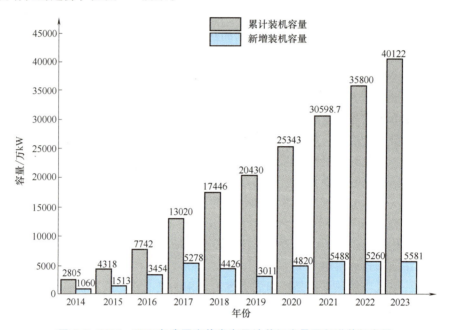

图3-4 2014—2023年我国光伏发电累计装机容量及新增装机容量

2019年,我国光伏发电累计装机容量达20430万kW,同比增长17.3%,其中集中式光伏14167万kW,同比增长14.5%。截至2020年6月底,光伏发电累计装机容量达到2.16亿kW,其中集中式光伏1.49亿kW。

2010—2015年,我国集中式光伏电站一直处于投资风口,大批电站项目集中上马,而分布式光伏项目几乎无人问津。2014—2023年,我国分布式光伏发电累计装机容量逐年增长,其中自2016年起呈快速增长趋势,新增装机容量呈现先增长后下降又再次增长的走势,如图3-5所示。

2019年,我国分布式光伏发电累计装机容量达到6263万kW,同比增长23.75%;2020年1—6月,全国新增分布式光伏发电装机443.5万kW。截至2020年6月底,分布式光伏发电累计装机达6707万kW。

2014—2023年我国分布式光伏发电累计装机容量所占比重的变化情况如图3-6所示。

国家能源局于2015年12月下发的《太阳能利用"十三五"发展规划征求意见稿》提出,到2020年底,光伏发电总装机容量达到1.5亿kW,其中分布式光伏发电规模显著扩大,累计装机达到7000万kW,接近光伏总装机容量的一半,形成西北部大型集中式电站和中东部分布式光伏发电系统并举的发展格局。2020年6月国家能源局印发的《2020年能源工作指导意见》,落实了《关于2019年风电、光伏发电项目建设有关事项的通知》,保持风电、光伏发电的合理规模和发展节奏,有序推进集中式风电、光伏和海上风电建设,加快中东部和南方地区的分布式光伏、分散式风电发展,积极推进风电、光伏发电平价上网。

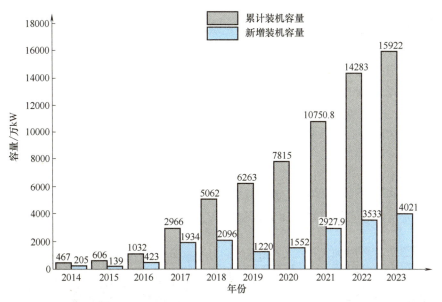

图 3-5 2014—2023 年我国分布式光伏发电累计及新增装机容量

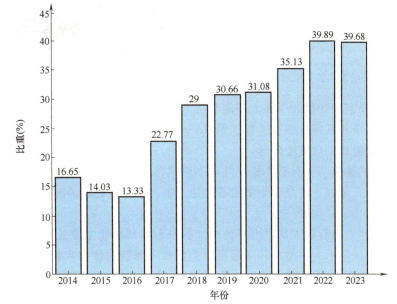

图 3-6 2014—2023 年我国分布式光伏发电累计装机容量所占比重的变化情况

目前，我国集中式光伏电站主要集中在西部地区，但由于项目过于集中，存在电网消纳困难、高线损等问题，当地出现弃光现象，局部地区弃光率甚至高于 20%；而中、东部地区是分布式光伏发电布局的主战场，也是用电消费重地。

在此背景下，光伏储能一体化的零碳能源系统作为一种新型的能源供应方案，备受关注。尤其是在工业园区这种大量能量消耗的场所，应用光伏储能一体化系统既可以提高能源的自给率，又能减少碳排放，具有极大的潜力和实际意义。将太阳能电池集成到建筑外墙或屋顶的构造中，实现光伏发电和建筑物融合，提高了空间利用效率。针对储能系统的选择，

分布式能源

工业园区光伏储能一体化系统可以采用电池组、超级电容器等不同类型的储能设备。电池组具有比较高的能量密度和长期储存能力,而超级电容器则具有充电快、寿命长、维护简单等特点,可应用于短时储能和调峰等应用场景。在储能系统的设计上,需要考虑光伏发电系统的输出功率和负载的需求,综合选择适当的储能设备和储能容量,以达到光伏储能一体化系统的最佳运行状态。对于监控和管理系统,需要选择具有高可靠性、高精度的监控设备,如无人机、物联网、大数据等技术,以实现对系统的全面监控和数据分析。同时,还需要设计合理的运行管理方案,包括设备维护、故障排除、运行调度等方面,确保系统的高效运行。

2. 光伏发电系统的组成

光伏发电是利用某些物质的光电效应,将太阳光辐射能直接转变成电能的发电方式。光伏发电系统一般由光伏电池阵列、储能蓄电池、保护和控制系统、逆变器等设备组成,如图 3-7 所示。光伏发电实物图如图 3-8 所示。

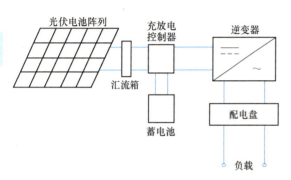

图 3-7 光伏发电技术原理图　　图 3-8 光伏发电实物图

1)光伏电池是利用光伏效应将太阳能直接转换为电能的器件,也称太阳能电池。将多个光伏单体电池经串并联并封装在一起,组成一个光伏电池组件。把多个电池组件再串并联并装在支架上,便组成光伏电池阵列。

2)光伏发电的输出功率具有不稳定性、不连续性,需要配备储能装置,以保证对用户的可靠供电。阳光充足时,剩余的能量给蓄电池充电。日照缺乏的情况下,由蓄电池向用户补充供电。

3)在小型或独立运行的光伏发电系统中,保护和控制功能主要是对蓄电池的保护,防止过充电和过放电。对于大中型或并网运行的光伏发电系统,保护和控制系统担负着平衡、管理系统能量,保护蓄电池及整个系统正常工作和显示系统工作状态等重要作用。

4)光伏电池和蓄电池输出的都是直流电。逆变器是将直流电转变成交流电的电力电子设备,是光伏电池普及应用的关键技术之一。

3. 光伏发电的基本原理

光伏发电技术是一种利用太阳能将光能转化为电能的技术。它基于光电效应原理,通过光电池将太阳光中的光子转化为电子,并产生可用于发电的直流电流。

光伏发电技术的基本原理如下。

1)光吸收。光伏电池中的半导体材料吸收太阳光中的光子。光子的能量会导致半导体材料中的电子跃迁到更高能级的状态。

2)光电效应。当光子与半导体材料相互作用时,激发出的电子会在材料内部移动,并形成电子空穴对。

3）电荷分离。电子和空穴在半导体中被分离，电子向 N 型半导体区域移动，而空穴则向 P 型半导体区域移动。

4）电场形成。由于 P-N 结构上的不同掺杂方式，形成了内电场。这个电场将阻止电子和空穴重新复合。

5）电流输出。将 P-N 结两侧连接成闭合回路，通过外部电路，电子和空穴在电子输运器件（如导线）中流动，产生电流。

6）电能转换。直流电流经过逆变器等设备进行处理，将其转换为交流电，以满足实际用电需求。

4. 光伏发电的特点

1）光伏发电是一种清洁能源，不产生二氧化碳等温室气体和污染物。相比传统的化石燃料发电方式，光伏发电能够有效地减少能源消耗和环境污染。

2）太阳能是一种可再生能源，不会因为使用而减少。光伏发电系统利用太阳光来产生电能，太阳光的供应是持续而稳定的，因此光伏发电具有长期可持续发展的优势。

3）光伏发电可以在各种规模上实施，从个人家庭到大型光伏电站，甚至可以在城市建筑物的屋顶上安装光伏组件。这种分布式布局的特点使得光伏发电系统更加灵活，能够在接近用电负荷的地方就近发电，减少输电损耗。

4）光伏发电系统没有机械运动部件，工作时没有噪声产生。这使得光伏发电系统可以在对噪声敏感的区域或需要保持安静环境的场所应用，如居住区、学校等。

5）光伏发电系统的运行和维护成本相对较低。一旦安装和投入使用，只需定期清洗光伏组件表面，检查并保持系统的正常运行，维护工作相对简单。

6）光伏发电系统可以与其他能源系统或储能设备结合使用，提供更可靠和稳定的电力供应。如与储能系统结合，可以在太阳光不足或夜间仍然提供电能；与其他能源系统结合，可以实现混合能源利用。

7）正常使用情况下，光伏组件具有较长的使用寿命，一般可达 20 年以上。这使得光伏发电系统具有长期回报和投资价值。

5. 光伏发电技术的应用

（1）光化学电池　光化学电池是一种利用光能将化学能转化为电能的装置。它由一个光敏材料、一个阳极和一个阴极组成。光敏材料是光化学电池的关键部分，它能够吸收光能并将其转化为电子能。常见的光敏材料包括二氧化钛、半导体纳米颗粒等。阳极和阴极是电极，它们分别与光敏材料相连，形成闭合的电路。当光照射到光敏材料上时，光敏材料中的电子会被激发出来，并通过电路流动到阴极。这个过程产生的电流就是光化学电池输出的电能。如图 3-9 所示为光化学电池。

光化学电池可以用于太阳能电池和人工光合作用等领域，具有高效能转换、可持续发展等优点，浸泡在溶液中的半导体电极受到光照后，电极上有电流输出的现象，因此在可再生能源领域有着广泛的应用前景。

（2）光生物发电　光生物发电通常是指叶绿素电池发电，叶绿素在光照作用下能产生电流，这是最普遍的生物现象之一，如图 3-10 所示。构成涂料的色素在吸收太阳光后，能激活光电系统、连通电路，从而产生电能。涂料用的色素原料可以用各类水果的果汁来加

分布式能源

图 3-9　光化学电池

图 3-10　光生物发电给手机充电

工,如蓝莓汁、覆盆子汁、红葡萄汁等,最适合该涂料的颜色是红色和紫色色系。

光生物发电的基本原理如下。

1) 光合作用。光合微生物或植物中的叶绿素吸收太阳光的能量,并将其转化为化学能。光合作用中的光能用来将水分子中的氢离子和电子从水中释放出来。

2) 生物催化剂。光合作用释放出的氢离子和电子通过生物催化剂(如酶)促进电子传递过程,形成可用于发电的电荷对。

3) 电化学反应。电荷对在电极表面进行氧化还原反应,产生电流。一般情况下,阳极上的反应是电子的氧化反应,阴极上的反应是电子的还原反应。

4) 电池系统。将电流从电化学反应中收集起来,并通过外部电路连接到负载(如灯泡或电子设备)上,实现电能的输出。

光生物发电技术是一种新兴的清洁、可再生能源发电方式,与传统的光伏发电和风能发电相比,它具有以下优势。

1) 高效利用光能。光合作用是一种高效的能量转化过程,利用光合微生物或植物中的叶绿体进行光能转化能够更高效地利用光能。

2) 生物可再生。光合微生物和植物是生物可再生资源,能够持续进行生长和光合作用,因此光生物发电具有较长的运行时间和稳定的能源供应。

3) 环境友好。光生物发电不会产生温室气体排放和污染物,对环境影响较小。

然而,目前光生物发电技术还处于研究和开发阶段,存在着一些技术挑战,如提高发电效率、改善电极材料和生物催化剂的稳定性等。尽管如此,光生物发电作为一种新型的清洁能源发电技术,具有广阔的发展前景。

(3) 光感应发电　光感应发电是利用某些有机高分子团吸收太阳的光能后变成光极化偶极子的现象。在这种情况下,所使用的有机高分子通常是聚合物材料,如聚苯胺、聚噻吩等。这些有机材料具有良好的光吸收性能和光电转换特性。

当有机材料吸收太阳光时,光子会激发分子中的电子,并使其从基态跃迁到激发态。在激发态中,电子和空穴形成了光极化偶极子,即一个正电荷和一个负电荷的组合。通过适当的电子传输和载流子分离过程,这些光极化偶极子可以被捕获并转化为电流。一种常见的方法是将有机材料包裹在合适的电极材料中,如金属或导电聚合物,以便将产生的电流有效地收集起来。

与传统的硅基太阳能电池相比,有机太阳能电池具有一些优势,如制备工艺简单、成本相对较低、柔性、轻量化和可选择性设计等。然而，有机材料的光电转换效率目前还相对较低，且寿命相对较短，因此在实际应用中仍面临挑战。

虽然利用某些有机高分子团吸收太阳的光能后变成光极化偶极子的光感应发电技术仍处于研究和发展阶段，但它提供了一种潜在的新型太阳能转化方式，为实现清洁能源的可持续利用提供了更多可能性。

3.2 风能发电

3.2.1 风能概述

1. 风能概要

空气流动所形成的动能即为风能，风能是太阳能的一种转化形式。太阳辐射造成地球表面受热不均，引起大气层中压力分布不均，从而使空气沿水平方向运动形成风。风能利用主要是将大气运动时所具有的动能转化为其他形式的能。在赤道和低纬度地区，地面和大气接受的热量多、温度较高；而高纬度地区，地面和大气接受的热量小，温度低，从而形成了南北之间的气压梯度，使空气做水平运动。地球自转过程中，也会产生使空气水平运动发生偏向的力，所以地球大气运动除受气压梯度力外，还要受地转偏向力的影响。大气真实运动是这两种力综合影响的结果。此外在很大程度上还受海洋、地形的影响。山谷和海峡能改变气流运动的方向，还能使风速增大；而丘陵、山地却摩擦大，使风速减小，孤立山峰因海拔高使风速增大。因此，风向和风速的时空分布较为复杂。再有海陆差异对气流运动也有较大影响，白天由于陆地与海洋的温度差而形成海风吹向陆地；反之，晚上陆风吹向海上；冬季大陆气压高于海洋气压，风从大陆吹向海洋，夏季相反。山区白天风由谷地吹向平原或山坡，夜间则由平原或山坡吹向山谷。这是由于白天坡地上的暖空气从山坡流向谷地上方，谷地的空气则沿山坡向上补充流失的空气，这时由山谷吹向山坡；夜间山坡因辐射冷却，其降温速度比同高度的空气要快，冷空气沿坡地向下流入山谷。

2. 开发风能的动因

风能资源取决于风能密度和可利用的风能年累积小时数。风能密度是单位迎风面积可获得的风的功率，与风速的三次方和空气密度成正比关系。各国开发利用风能的动因并不相同，而且随着时间的推移，开发利用风能的动因也在变化，其中主要集中体现在经济、环境、社会和技术四个方面。

（1）经济驱动力　能源供应的经济性是风能开发利用的根本驱动力。在偏远地区，电力供应困难，利用小型离网风力发电系统供电有成本优势；化石能源日益减少，其成本也在不断增加，为了人类社会的可持续发展，当务之急是找寻和研究利用其他可再生能源，风能作为新能源中最具有工业开发潜力的可再生能源，引起了人们的格外关注。此外，风电产业是朝阳产业，较早开发利用风能技术的国家和企业，能够占据风能利用的技术和市场优势。

（2）环境驱动力　与常规化石燃料相比，风能不会带来区域性的环境污染及 CO_2 等温室气体的大量排放，从而可延缓或减小因全球气候变暖给人类社会带来的有害影响。

（3）社会驱动力　风能份额增加时，会创造很多直接和间接的就业机会。人们对风能的关注也日益增加，并将利用风能和其他可再生能源作为他们的生活方式。

(4) 技术驱动力　科技的进步、理论的成熟以及新材料的出现，都将为风电技术向大功率、高效率、高可靠性和高度自动化方向发展提供条件。人们对可用在建筑物内的可持续资源发电或供热技术产生了很大的兴趣。人们已经认识到从风能获得建筑物能源供应具有很大的前景。这种技术能够有助于减少温室气体的排放，同时也提高了能源的使用效率。

3.2.2　我国风能资源的特点

各地风能资源的多少，主要取决于该地区每年刮风的时间长短和风的强度，因此这里涉及风能的基本特征，如风速、风级、风能密度等。风的大小常用风的速度来衡量，风速是单位时间内空气在风流方向上移动的距离，其值是一个随机性很大的量，必须通过一定长度时间的观测计算出平均风功率密度。风级是根据风对地面或者海面物体影响而引起的各种现象，按风力的强度等级来估计风力的大小，目前实际应用的是0~12级风速。

通过单位截面积的风所含的能量称为风能密度。风能密度是决定风能潜力大小的重要因素。风能密度与空气密度有直接关系，而空气密度取决于气压和温度，因此，不同地区、不同气候条件下的风能密度是不同的。

表征风能资源的主要参数是年有效风能密度和有效风速全年累计小时数。据宏观分析，我国10m高度层的风能资源总储量（理论可开发总量）为32.26亿kW，实际可开发利用量按总量的1/10估计，并考虑风轮实际扫掠面积为计算气流正方形面积的78.5%，故实际可开发利用的风能约为2.53亿kW。我国各地的风能资源储量差异较大，开发利用潜力各不相同，总体表现为沿海及东部地区、西部地区风资源较丰富，中部地区风资源较贫乏。

我国东南沿海及其附近岛屿是风能资源最丰富的地区，有效风能密度大于或等于200W/m^2的等值线平行于海岸线，沿海岛屿有效风能密度在300W/m^2以上，全年中风速大于或等于3m/s的时数为7000~8000h，大于或等于6m/s的时数为4000h，风能利用潜力大。

新疆北部、内蒙古、甘肃北部也是风能资源丰富的地区，有效风能密度为200~300W/m^2，全年中风速大于或等于3m/s的时数在5000h以上，全年中风速大于或等于6m/s的时数为3000h以上。

黑龙江、吉林东部、河北北部及辽东半岛的风能资源也较好，有效风能密度在200W/m^2以上，全年中风速大于或等于3m/s的时数为5000h，全年中风速大于或等于6m/s的时数为3000h。

青藏高原北部有效风能密度为150~200W/m^2，全年风速大于或等于3m/s的时数为4000~5000h，全年风速大于或等于6m/s的时数为3000h，但青藏高原海拔高、空气密度小，所以有效风能密度也较低。

云南、贵州、四川、甘肃、陕西南部、河南、湖南西部、福建、广东、广西的山区及新疆塔里木盆地和西藏的雅鲁藏布江为风能资源较贫乏地区，有效风能密度在50W/m^2以下，全年中风速大于或等于3m/s的时数在2000h以下，全年中风速大于或等于6m/s的时数在150h以下，风能潜力很低。

3.2.3　我国风能资源的区划

依据年有效风能密度和有效风速全年累计小时数这两个主要指标，把我国各地风能资源分为四个类型：丰富区、较丰富区、可利用区和贫乏区。

第3章 可再生能源发电导论

1) 风能丰富区：包括东南沿海、辽东半岛和山东半岛沿海区；南海群岛、台湾岛与海南岛西部沿海区；内蒙古的北部与西部，松花江下游地区。

2) 风能较丰富区：东南离海岸 20~50km 的地带；辽宁、河北、山东和江苏的离海岸较近的地带，海南岛和台湾岛较大部分；东北平原、内蒙古南部、河西走廊和新疆北部；青藏高原。

3) 风能可利用区：福建、两广离海岸 50~100km 的地带；长江及黄河下游、两湖沿岸；辽河流域；华北、西北和西南较多地域；大、小兴安岭等。

4) 风能贫乏区：四川、贵州和南岭山地；湘西、陕西；雅鲁藏布江和昌都地区；塔里木盆地西部等。

我国风能资源划分及占全国面积的百分比见表3-2。

表3-2 我国风能资源划分及占全国面积的百分比

评价指标	丰富区	较丰富区	可利用区	贫乏区
年有效风能密度/(W/m^2)	>200	150~200	50~150	<50
风速≥3m/s 的年小时数/h	>5000	4000~5000	2000~4000	<2000
占全国面积(%)	8	18	50	24

3.2.4 风能利用技术

随着能源危机的日益加剧，人类对自然界能源的利用越来越重视，其中风力发电就是很重要的方面。风力发电的主要设备是风力机，本节主要对风力机的分类、结构型式，以及风力发电系统的原理、组成等进行阐述。

1. 风力机的分类

从风能技术诞生时起，世界各地就设计开发出了各种不同类型的风力机械。其中的一些设计类型具有创新性，但是没有成功商业化。尽管有许多不同的风力机分类方法，但各类风力机都可根据其旋转轴的不同而大致分为水平轴风力机和垂直轴风力机两种类型。

水平轴风力机（Horizontal Axis Wind Turbines，HAWT）的旋转轴为平行于地面的水平轴，和空气来流方向也接近平行，其结构如图3-11所示，主要包括风轮、塔架、机舱等部分。大多数商业化的风力机都属于这一类型。水平轴风力机有许多显著的优点，如低切入风速以及易于过载时切出保护等。通常，水平轴风力机具有相对较高的功率系数。然而，需要把水平轴风力机的发电机和齿轮箱置于塔架上方，使其设计更加复杂与昂贵。水平轴风力机的另外一个缺点是需要使用尾翼或者偏航系统来使风力机对风。根据叶片数目的多少，风力机可以进一步分为单叶片、双叶片、三叶片以及多叶片类型，如图3-12所示。单叶片机组由于节省叶片材料，成本较低，风阻损失也最小。但是，必须在轮毂的对面增加相应的配重，以平衡叶片。单叶片设计由于平衡性以及人们视觉认可性的问题应用不是很广泛。双叶片机组也有类似的平衡缺陷，但是严重程度比单叶片机组要轻。目前，大多数商业化的风力发电机组都是三叶片机组。由于其空气动力荷载相对一致，三叶片机组更稳定。多叶片机组（6叶片、8叶片、12叶片、18叶片甚至更多）也有应用。实际叶片面积与叶轮扫风面积的比值称为实度。因此，多叶片叶轮也称为高度叶轮，由于开始起动时有更多的叶片和风相互作用，多叶片叶轮起动更容易。低实度设计的叶轮可能需要外力起动。

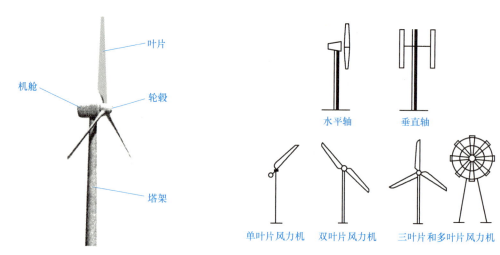

图 3-11 水平轴风力机的结构　　图 3-12 风力机的分类

2. 风力发电系统

（1）风力发电的基本原理　　风能具有一定的动能，通过风力机把风能转化为机械能，机械能拖动发电机发电，这就是风力发电的基本原理。风力机发出的电经过整流器以及变换器得到稳定、小功率的直流电供给无线传感网络，或者把电能利用蓄电池储存起来，当不能发电或者发电效率不高时使用。这里蓄电池不只具有储能作用，还能达到稳压的作用。

（2）风力发电系统的分类　　大型风力发电系统有两种，即独立运行（又称离网运行）系统和并网运行系统。它们产生的电能供给人们日常的生活、生产使用。

1）独立运行系统。在独立运行时，由于风能是一种不稳定的能源，如果没有储能装置或其他发电装置的配合，风力发电装置难以提供可靠而稳定的电能。解决上述稳定供电的方法有两种：一是利用蓄电池储能来稳定风力发电机的电能输出；二是风力发电机与光伏发电或柴油发电等互补运行。

独立运行风力发电系统的组成框图如图 3-13 所示。

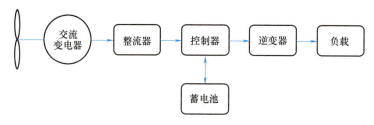

图 3-13 独立运行风力发电系统的组成框图

① 风力发电机组。风力发电机组由风力机、发电机和控制部件组成的发电系统，简称风电机组。风力发电机组的内部结构如图 3-14 所示。

② 耗能负载。耗能负载是指持续大风时，用于消耗风力发电机组发出的多余电能的负载。

③ 蓄电池组。蓄电池组是由若干台蓄电池经串联组成的储能装置。

④ 控制器。即系统控制装置，主要功能是对蓄电池进行充电控制和过放电保护，同时

第3章 可再生能源发电导论

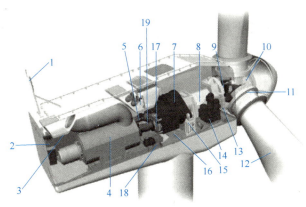

图 3-14 风力发电机组的内部结构

1—超声波风传感器 2—维修用起重机 3—带变频器的 VMP 顶部控制器 4—发电机 5—斜角调节液压缸 6—油/水冷却器 7—齿轮箱 8—主轴 9—斜角调节系统 10—叶片轮壳 11—叶片轴承 12—叶片 13—风轮锁定系统 14—液压控制单元 15—扭矩臂 16—机舱底座 17—碟式机械制动器 18—偏航齿轮 19—复合型碟式耦合器

对系统输入/输出功率起调节与分配作用,以及系统赋予的其他监控功能。

⑤ 逆变器。逆变器将直流电转换为交流电的电力电子设备。

⑥ 交流负载。交流负载是以交流电为动力的装置或设备。

独立运行风力发电系统具有无须燃料、成本低、污染小、结构坚固、扩充灵活、安全、可自主供电、非集中电网等优点。但是,为了保证系统供电的连续性和稳定性,需要利用储能装置,增加了成本,需要定期维护检修,从而增加了工作量,系统的工作效率不高,而且技术相对复杂。

2) 并网运行系统。这种运行方式是采用同步发电机或异步发电机作为风力发电机与电网并联运行,并网后的电压和频率完全取决于电网。无穷大电网具有很强的牵制能力,有巨大的能量吞吐能力。并网后的风力发电机按风力大小自动输出大小不同的电能。这种运行方式中风力发电机必须具有并网和解列控制,只有当风力发电机电压频率与电网一致时才能并网,当风力发电机因风速太小而不能输出电能时,就会从电网解列。

使用同步机作为风力发电机并网的优点是同步机可以提供自身励磁电流,可以改善电网的功率因数;缺点是成本高,并网控制复杂。使用异步机作为风力发电机与电网并联的优点是发电机结构简单、成本低、并网控制容易;缺点是要从电网吸收无功功率以提供自身的励磁,这一缺点可以在发电机端并接电容器来改善。

不论是同步机还是异步机,与电网并联工作时有一个共同的缺点,那就是风速低于一定值时,风力机没有电功率输出,为防止功率逆流,风力机系统应与电网解列。低风速没有被利用,高风速时也不能全部运行在最佳运行点,风能利用率低。但在有电网地区,采用并网运行是比较合适的。

风力资源丰富的地区,将数十台至数千台单机容量较大的风力发电机组集中安装在特定场地,按照地形和主风向排成阵列,组成发电机群,产生数量较大的电力并送入电网,这种风力发电的场所就是风电场。如图 3-15 所示为海上风力发电机组。

近年来风能利用越来越广泛,在总能中占有越来越高的比例,风力发电是清洁可再生能源,蕴含量巨大,具有实际开发利用价值。风力发电在芬兰、丹麦等国家很流行。风能在目前的实际应用中还存在以下缺点。

① 风速不稳定,产生的能量大小不稳定。低风或无风时会关闭风力涡轮机,风太大时可能导致涡轮机着火,为保护机器也会关闭涡轮机。在此期间,维持正常的电力流动需要依靠电池或其他电源中储存的电能。

② 受地理位置限制严重。大型风力发电机需要占用较大的土地面积,特别是在适宜的风资源区域。此外,风力发电机的建设和运行过程可能对周围的生态环境、鸟类迁徙等造成一定的影响。

图 3-15　海上风力发电机组

③ 风资源的不可控性。与传统的发电方式不同,风力发电无法直接控制或调节。风速的变化会直接影响风力发电机的输出能力,而发电厂无法主动干预风速,这使得对电网负荷的管理具有一定的挑战。

④ 技术不成熟,噪声和视觉都会影响。风能是新型能源,相应的使用设备也不是很成熟,且风力发电机在运行时会产生噪声,尤其是在靠近居民区域时可能对居民生活造成一定的干扰。

因此,为了在建筑中能够实际应用风能,需要提供相应的配套系统来储存多余的电能和补充不足的电能,主要采用的措施有以下五种。

① 增加储能系统。在风速较低或不稳定时,可以增加储能系统存储多余的电力,以便在需要时供应给电网。储能系统可以采用蓄电池、氢燃料电池等形式。

② 改良风力发电机设计。通过优化叶片、塔架和转子的尺寸、材料和形状等,提高风力发电机的效率和可靠性,减少能源损失。

③ 选择合适的风电场址。选择适宜的风资源区域,使风力发电机的输出功率最大化,并减少对风电场周围的生态环境和居民的干扰。

④ 综合利用多种可再生能源。通过综合利用多种可再生能源,如太阳能、水力能、地热能等,减少对单一能源来源的依赖,提高可再生能源的可持续性。

⑤ 优化电网管理和规划。对电网进行智能化管理和规划,包括调节和平衡电网负荷、预测和响应风电场的输出波动等,以确保电网的稳定性和可靠性。

3.3　生物质能发电

3.3.1　生物质能的定义及特点

所谓生物质能(Biomass Energy),就是指太阳能以化学能形式储存在生物质中的能量形式,即以生物质为载体的能量。它直接或间接地来源于绿色植物的光合作用,可转化为常规的固态、液态和气态燃料,取之不尽、用之不竭,是一种可再生能源,同时也是唯一可再生的碳源。生物质能的原始能量来源于太阳,所以从广义上讲,生物质能是太阳能的一种表现形式。

生物质能蕴藏在植物、动物和微生物等可以生长的有机物中,它是由太阳能转化而来的。有机物中除矿物燃料以外所有来源于动植物的能源物质均属于生物质能,通常包括木材、森林废弃物、农业废弃物、水生植物、油料植物、城市和工业有机废弃物、动物粪便等。地球上的生物质能资源丰富,而且是一种环境友好的能源。地球每年经光合作用产生的物质约 1730 亿 t,其中蕴含的能量相当于全世界能源消耗总量的 10~20 倍,但目前的利用率不到 3%。

生物质能的特点如下。

1) 可再生性。生物质能属可再生能源,生物质能由于通过植物的光合作用可以再生,与风能、太阳能等同属可再生能源,资源丰富,可保证能源的永续利用。

2) 低污染性。生物质的硫、氮含量低,燃烧过程中生成的 SO_x、NO_x 较少;生物质作为燃料时,由于它在生长时需要的二氧化碳相当于它排放的二氧化碳的量,因而对大气的二氧化碳净排放量近似于零,可有效地减轻温室效应。

3) 广泛分布性。缺乏煤炭的地域性限制,分布广,可充分利用。

4) 生物质燃料总量十分丰富。生物质能是世界第四大能源,仅次于煤炭、石油和天然气。根据生物学家估算,地球陆地每年生产 1000 亿~1250 亿 t 生物质;海洋每年生产 500 亿 t 生物质。2012 年,我国可开发为能源的生物质资源可达 4 亿 t 标准煤。随着农林业的发展,特别是炭薪林与能源植物、能源作物的推广,生物质资源还将越来越丰富。

生物质发电是利用生物质直接燃烧或转化为某种燃料后燃烧所产生的热量发电。生物质发电的流程大致分两个阶段:一般先把各种可利用的生物原料收集起来,通过一定程序的加工处理,转变为可以高效燃烧的燃料;再把燃料送入锅炉中燃烧,产生高温高压蒸汽,驱动汽轮发电机组发出电能。生物质发电涉及原料的收集、打包、运输、贮存、预处理、燃料制备、燃烧过程的控制、灰渣利用等诸多环节。

3.3.2 生物质能发电技术

我国是世界上沼气利用开展得最好的国家,生物质沼气技术已发展得相当成熟,进入了商业化应用阶段。生物质沼气污水处理的大型沼气工程技术也已基本成熟,目前已进入商业示范和初步推广阶段。在落后地区采用分散式小型沼气池可以取得一定的效益,但总的来说,沼气技术的效益主要是环境方面的,一次投资大,而能源产出小,所以经济效益比较差。

生物质直接燃烧发电的技术已基本成熟,目前进入推广应用阶段,如美国大部分生物质采用直接燃烧发电进行利用,近年来已建成生物质燃烧发电站约 6000MW,处理的生物质大部分是农业废弃物或森林废弃物。这种技术单位投资较高,大规模下效率也较高,但它要求生物质集中,数量巨大,只适合现代化大农场或大型加工厂的废物处理,对生物质较分散的发展中国家不是很合适。考虑生物质大规模收集或运输成本较高,从环境效益的角度考虑,生物质直接燃烧与煤燃烧相似,会放出一定的 NO_x,但其他有害气体比燃煤要少得多。

生物质气化发电是更洁净的利用方式,它几乎不排放任何有害气体。小规模的生物质气化发电已进入商业示范阶段,比较适合生物质的分散利用,投资较少,发电成本也低,比较适合发展中国家应用。大规模的生物质气化发电一般采用 ICCC 技术,适合大规模开发利用生物质资源，发电效率也较高，是今后生物质工业化应用的主要方式，目前已进入工业示范阶段，美国、英国和芬兰等国家都在建设 6~60MW 的示范工程，但由于投资高、技术尚未成熟，在发达国家也未进入实质性的应用阶段。

生物质制取氢燃料的研究也刚开始，主要是随着氢能的利用技术发展起来的，目前仍处于研究试验阶段。由于生物质比煤含有更多的氢，所以从生物质制取氢气更合理和经济。从生物质制氢被认为是洁净的能源技术，更有发展前途。

3.3.3 生物质能的其他利用技术

作为生物质能的载体，生物质是以实物存在的，相对于风能、水能、太阳能，生物质能是唯一可以储存和运输的可再生能源。生物质能的组织结构与常规的化石燃料相似，它的利用方式也与化石燃料相似。常规能源的利用技术无须做大改动就可以应用于生物质能。目前生物质的主要转化利用途径包括物理转化、化学转化、生物转化等，如图 3-16 所示。生物质能可以转化为二次能源，分别为热能或电力、固体燃料、液体燃料和气体燃料等。

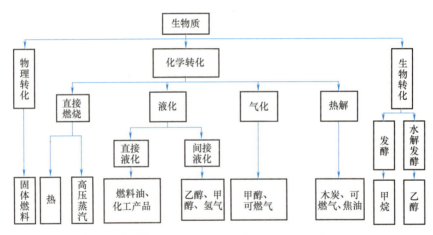

图 3-16 目前生物质的主要转化利用途径

3.4 其他可再生能源发电

3.4.1 地热发电技术

地热发电是 20 世纪新兴的能源工业，它是在地质学、地球物理、地球化学、钻探技术、材料科学以及发电工程等现代科学技术取得辉煌成就的基础上迅速发展起来的。地热电站的装机容量和经济性主要取决于地热资源的类型和品位。

地热发电至今已有近百年历史，世界上最早开发并投入运行的是 1913 年意大利拉德瑞罗地热发电站，只有 1 台 250kW 的机组。随着研究的深入、技术水平的提高，拉德瑞罗地热电站不断扩建，到 1950 年全部机组投产后，总装机容量达到 293MW。此后，新西兰、菲律宾、美国、日本等相继开发地热资源，各种类型的地热电站不断出现，但发展速度不快。20 世纪 70 年代后，由于世界能源危机，矿物燃料价格上涨，一些国家对包括地热在内的新能源和可再生能源开发利用更加重视，世界地热发电装机容量才逐年有较大的增长。据统计，全世界地热发电装机容量 1980 年仅为 2110MW，2007 年已上升到了 9700MW。2005 年地热发电装机容量中，美国居第一位（占 30.5%），菲律宾居第二位（占 21%），其后依次为墨西哥、印度尼西亚和意大利、日本。截至 2021 年底，全球地热发电的总装机容量为 14938MW。美国地热发电装机容量达到 3927MW，加利福尼亚州是美国最大的地热发电州，其地热发电装机容量占全国总装机容量的约 75%。菲律宾地热发电装机容量达到 1919MW，主要分布在马尼拉市以南的莱特省和比科尔省。印度尼西亚的地热发电装机容量为 1924MW，居世界第三位，主要分布在爪哇岛、苏门答腊岛和巴厘岛等地区。新西兰地热发电装机容量为 1005MW，主要分布在北岛中部和南岛的坎特伯雷平原。

除上述国家外，其他地热发电较为发达的国家还包括墨西哥、意大利、肯尼亚、土耳其等。2020 年世界及主要国家利用地热发电的情况见表 3-3。

表 3-3 2020 年世界及主要国家利用地热发电的情况　　　　　（单位：TW·h）

项目	1997 年	2020 年	项目	1997 年	2020 年
美国	14.9	25.1	世界	42.0	112.0
法国	4.4	7.5	日本	9.8	38.1
韩国	5.8	23.6	巴西	6.9	11.2
俄罗斯	0.0	0.9	埃及	0.5	3.1
中国	0.0	2.5			

注：TW·h 指万亿 kW·h。

1. 地热蒸汽发电技术

1904 年，意大利首次试验成功利用高温地热蒸汽推动汽轮机发电。100 多年来，该技术已得到不断改善和发展。2007 年世界上共有 24 个国家建立了地热电厂，总装机容量 9700MW。美国的地热发电居世界第一，为 2687MW。意大利的拉德瑞罗地热田和美国的盖依瑟斯地热田都是干蒸汽地热田，即从井口喷出的是 100% 高温过热干蒸汽，直接用输送管道送往汽轮机就能发电。另外，新西兰、日本、冰岛等都是湿蒸汽地热田，井口喷出高温两相流体，既有蒸汽又含水，这种情况要先实行汽、水分离，然后蒸汽去发电，热水另做利用。世界上的高产地热井，温度高达 300℃，甚至 350℃，流量能达 500t/h，单井地热发电潜力达 30MW。我国西藏羊八井地热田 ZK4001 地热井，井口工作压力为 15bar（1bar = 10^5 Pa），工作温度为 200℃，汽水总流量为 302t/h，其中蒸汽流量为 37t/h，单井发电潜力为 12.58MW。我国西藏另一处已经完成勘探评价的羊易地热田，最高温度为 207℃，工作温度为 105~190℃，闭井压力为 2.8~9.4bar，工作压力为 0.95~11.3bar，单井汽水总流量为 32~373t/h，其中蒸汽流量为 3.5~100t/h，该热田目前可建厂的地热发电潜力为 30MW。我国的西藏南部经四川西部至云南西部，属于全球性地中海-喜马拉雅地热带的东段，带内有温泉 1000 余处，其中高于当地沸点的有 81 处。目前开发用于发电的仅羊八井地热田 1 处，完成勘探评价的有羊易地热田 1 处，其余丰富的高温地热资源仅在青藏铁路沿线的谷露、董翁、续迈、吉达果等 10 余处进行过详细勘查，所有这些勘查过的地热田其地热发电潜力为 13.75×10^4 kW。西藏地热资源普查估算的资源总量为 2.99×10^8 kW。

目前，利用高温地热蒸汽发电主要有三种方法，分别是直接蒸汽发电法、扩容（闪蒸式）发电法、全流循环式发电法。

（1）直接蒸汽发电法　直接蒸汽发电法仅适用于高温蒸汽热田。高温蒸汽首先经过净化分离器，脱除井下带来的各种杂质后推动汽轮机做功，并推动发电机发电。所用发电设备基本上与常规火电设备一样。直接蒸汽发电又分为两种系统：

1）背压式汽轮机循环系统。该系统适用于超过 0.1MPa 压力的干蒸汽田。天然蒸汽经过净化分离器滤去夹带的固体杂质后进入汽轮机中膨胀做功，废气直接排入大气，如图 3-17 所示。这种发电方式最简单，投资费用较低，但电站容量较小。1913 年，世界上第一个地热能电站，即意大利拉德瑞罗地热电站中的第一台机组，就是采用背压式汽轮机循环系统，容量为 250kW。

2）凝汽式汽轮机循环系统。此发电方式适用于压力低于 0.1MPa 的蒸汽田，地热流体大多为汽水混合物。事实上，很多大容量地热电站中，有 50%~60% 的出力是在低于 0.1MPa 下发出的。经净化后的湿蒸汽进入汽水分离器后，分离出的蒸汽再进入汽轮机中膨胀做功，如图 3-18 所示。蒸汽中所夹带的许多不凝结气体随蒸汽经过汽轮机时往往积聚在凝汽器中，一般可用抽气器排走以保持凝汽器内的真空度。美国盖瑟斯地热电站（1780MW）和意大利拉德瑞罗地热电站（25MW）就是采用这种循环系统。

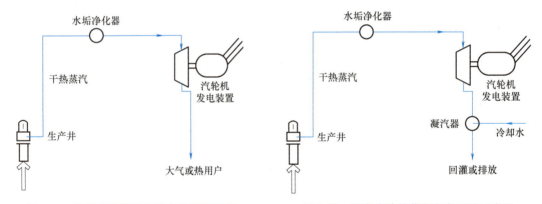

图 3-17　背压式地热蒸汽发电系统示意图　　图 3-18　凝汽式地热蒸汽发电系统示意图

（2）扩容（闪蒸式）发电法　扩容法是目前地热发电最常用的方法。扩容法是采用降压扩容的方法从地热水中产生蒸汽。当地热水的压力降到低于该温度所对应的饱和压力时，地热水就会沸腾，一部分地热水则相变为蒸汽，直到其温度降至该压力下所对应的饱和温度时，相变终止。这个过程进行得很迅速，所以称为闪蒸。

扩容发电法系统如图 3-19 所示。地热水进入扩容器降压扩容后所转换的蒸汽通过扩容器上部的除湿装置，除去所夹带的水滴变成干度大于 99% 以上的饱和蒸汽。饱和蒸汽进入汽轮机膨胀做功，将蒸汽的热能转化成汽轮机转子的机械能。汽轮机再带动发电机发电。汽轮机排出的蒸

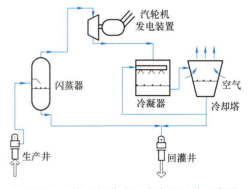

图 3-19　扩容（闪蒸式）发电法系统示意图

汽习惯上称为乏汽，乏汽进入冷凝器重新冷凝成水。冷凝水再被冷凝水泵抽出以维持不断的循环。冷凝器中的压力远远低于扩容器中的压力，通常只有 0.004~0.01MPa，这个压力所对应的饱和温度就是乏汽的冷凝温度。冷凝器的压力取决于冷凝的蒸汽量、冷却水的温度及流量、冷凝器的换热面积等。由于地热水中不可避免地有一些在常温下不凝结的气体在闪蒸器中释放出来进入蒸汽中，同时管路系统和汽轮机的轴也会有气体泄漏进来，这些不凝结气体最后都会进入冷凝器，因此还必须有一个抽真空系统把它们不断从冷凝器中排除。在扩容发电法的减压扩容汽化过程中，溶解在地热水中的不凝结气体几乎全部进入扩容蒸汽中。因此，真空抽气系统的负荷比较大，其抽气系统的耗电往往要占其总发电量的 10% 以上。对于不凝结气体含量特别大的地热水，在进入扩容器之前要采取排除不凝结气体的措施，或改用其他发电方法。

（3）全流循环式发电法　全流循环式发电法是针对汽水混合型地热水而提出的热力循环系统，如图 3-20 所示。其核心技术是一个全流膨胀机，地热水进入全流膨胀机进行绝热膨胀，膨胀结束后汽水混合流体进入冷凝器冷凝成水，然后再由水泵将其抽出冷凝器而完成整个热力循环。从理论上看，在全流循环中地热水从初始状态一直膨胀到冷凝温度，其全部热量最大限度地被用来做功，因而全流循环具有最大的做功能力。但实际上全流循环的膨胀过程是汽水两相流的膨胀过程，而汽水两相膨胀的速度相差很大，没有哪一种叶轮式的全流膨胀

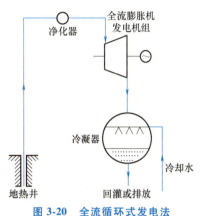

图 3-20　全流循环式发电法系统示意图

机能够有效地把这种汽水两相流的能量转化为叶轮转子的动能。目前容积式的膨胀机，如活塞式、柱塞式及螺旋转子膨胀机等的效果较好，但膨胀比相对比较小，难以满足实际要求。如果地热水不能完全膨胀，功率难以提高，那就只能做成小功率设备，从而无法体现全流循环的优点。

2. 地热水发电技术

中低温地热水发电主要是应用双工质循环法，利用地下热水加热某种低沸点的有机工质，该工质的沸点仅为 30℃ 左右，因此靠中低温地下热水加热后，就能产生 3~5bar 的压力，就可以推动汽轮机发电。从汽轮机流出的、发电后的有机工质气体，经冷凝为液体后，再去参与下一轮循环。我国有 3000 多处天然温泉，其中温度在 60℃ 以上的天然温泉占 24%，即 730 余处，我国还有 3000 多眼地热井，其中温度高于 80℃ 的至少有百余眼，这些资源可以用作中低温地热水发电。实际上，发电只是利用这些地热流体的高温段资源，如将 90℃ 热水用于发电至 70℃ 排出，而这些排出的 70℃ 热水仍可应用于目前的综合地热直接利用。

目前，除了中间工质地热水发电法，还出现了诸如联合循环地热发电法等。

（1）中间工质地热水发电法　中间工质法，又称双循环法，一般应用于中温地热水，其特点是采用一种低沸点的流体，如正丁烷、异丁烷、氯乙烷、氨和二氧化碳等作为循环工质。由于这些工质多半是易燃易爆物质，必须形成封闭的循环，以免泄漏到周围环境中去，所以有时也称为封闭式循环系统，在这种发电方式中，地热水仅作为热源使用，本身并不直接参与热力循环。

如图 3-21 所示为中间工质法地热水发电系统示意图。首先，从井中泵出的地热水流过

表面式蒸发器，以加热蒸发器中的工质。工质在定压条件下吸热汽化，产生的饱和工质蒸汽进入汽轮机做功，汽轮机再带动发电机发电。然后做完功的工质乏汽再进入冷凝器被冷凝成液态工质。液态工质又由工质泵升压打进蒸发器中，从而完成工质的封闭式循环。

这种最基本的中间工质地热水发电法的循环热效率和扩容法基本相同。但中间工质法的蒸发器是表面式换热器，其传热温差明显大于扩容法中的闪蒸器，这将使地热水热量的损失增加，循环热效率下降。特别是运行较长时间后，换热面地热水侧面产生结垢，问题将更为严重，必须引起足够的重视。当然，中间工质法也有明显的优点，当工质的选用十分合适时，其热力循环系统可以一直工作在正压状态下，运行过程中不需要再抽真空，从而可以减少生产用电，使电站净发电量增加10%~20%。同时由于中间工质法地热水发电系统工作在正压下，工质的比体积远小于负压下水蒸气的比体积，从而蒸汽管道和汽轮机的通流面积可以大为缩小。这对低品位大容量的电站来说是特别可贵的。

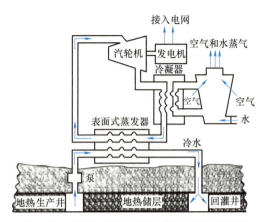

图 3-21 中间工质法地热水发电系统示意图

如果选用的工质临界温度低于地热水温度，就可以实现中间工质法的超临界循环。这种循环相当于蒸发次数无限多的多级蒸发循环，可以使单位流量地热水的发电量增加30%左右。这是中间工质法潜在的最重要的优点。但是，目前还没有找到适合作为超临界循环的理想工质。由于中间工质地热水发电法系统中地热水回路与中间质回路是分开的，互不混溶，因此特别适合不凝结气体含量过高的地热水。

（2）联合循环地热发电法 20世纪90年代中期，以色列Ormat公司把地热蒸汽发电和地热水发电两种系统合二为一，设计出了新的联合循环地热发电系统，该机组已在世界一些国家安装运行，效果很好。这种联合循环地热发电系统的最大优点是适用于大于150℃的高温地热流体（包括热卤水）发电，经过一次发电后的流体，在不低于120℃的工况下，再进入双工质发电系统，进行二次做功，充分利用了地热流体的热能，既提高了发电的效率，又能将以往经过一次发电后的排放尾水进行再利用，有利于地热资源及其开发利用和保护，大大节约了资源。如图3-22所示为联合循环地热发电系统示意图。从生产井到发电最后回灌到地热储层，整个过程在全封闭系统中运行。因此，即使是矿化度非常高的热卤水也可用来发电，不存在对生态环境的污染。同时，由于是封闭系统，电厂厂房上空见不到白色气雾的笼罩，也闻不到刺鼻的硫化氢气味，非常环保。由于发电后的流体全部回灌到地热储层，因此可以节约资源。

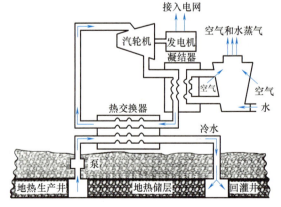

图 3-22 联合循环地热发电系统示意图

3.4.2 潮汐发电

20世纪初，欧美一些国家开始研究潮汐发电。1913年德国在北海海岸建立了第一座潮汐发电站。第一座具有商业实用价值的潮汐电站是1967年建成的法国朗斯电站。该电站位于法国圣马洛湾朗斯河口。朗斯河口最大潮差13.4m，平均潮差8m。一道750m长的大坝横跨朗斯河。坝上是通行车辆的公路桥，坝下设置船闸、泄水闸和发电机房。朗斯潮汐电站机房中安装有24台双向涡轮发电机，涨潮、落潮都能发电。总装机容量24万kW，年发电量超5亿kW·h，输入国家电网。

1968年，苏联在其北方摩尔曼斯克附近的基斯拉雅湾建成了一座800kW的试验潮汐电站。1980年，加拿大在芬地湾兴建了一座2万kW的中间试验潮汐电站。试验电站、中间试验电站都是为了兴建更大的实用电站做论证和准备用的。

由于常规电站廉价电费的竞争，建成投产的商业用潮汐电站不多。然而，由于潮汐能蕴藏量的巨大和潮汐发电的许多优点，对潮汐发电的研究和试验一直深受关注。

1957年我国在山东建成了第一座潮汐发电站。1978年8月1日，山东乳山市白沙口潮汐电站开始发电，年发电量230万kW·h。1980年8月4日，我国第一座单库双向式潮汐电站——江厦潮汐试验电站正式发电，装机容量为3000kW，年平均发电1070万kW·h，其规模仅次于法国朗斯潮汐电站（装机容量为24万kW，年发电5.4亿kW·h），是当时世界第二大潮汐发电站。

简单地说，潮汐发电就是在海湾或有潮汐的河口建筑一座拦水堤坝，形成水库，并在坝中或坝旁放置水轮发电机组，利用潮汐涨落时海水水位的升降，使海水通过水轮机时推动水轮发电机组发电。从能量的角度说，就是利用海水的势能和动能，通过水轮发电机转化为电能。

在全球范围内，潮汐能是海洋能中技术最成熟和利用规模最大的一种能源，潮汐发电在国外发展很快。法国、加拿大、英国等在潮汐发电的研究与开发领域保持领先优势。

我国海岸线曲折漫长，主要集中在福建、浙江、江苏等省的沿海地区。我国潮汐能的开发始于20世纪50年代，经过多年来对潮汐电站建设的研究和试点，我国潮汐发电领域不仅在技术上日趋成熟，而且在降低成本、提高经济效益方面也取得了较大进展，已经建成一批性能良好、效益显著的潮汐电站。

1. 潮汐发电的原理

在海湾或河口，可见到海水或江水每天有两次的涨落现象，早上的称为潮，晚上的称为汐。潮汐作为一种自然现象，为人类的航海、捕捞和晒盐提供了方便。这种现象主要是由月球、太阳的引潮力以及地球自转效应所造成的。涨潮时，大量海水汹涌而来，具有很大的动能；同时，水位逐渐升高，动能转化为势能。落潮时，海水奔腾而归，水位陆续下降，势能又转化为动能，其原理如图3-23所示。海水在运动时所具有的动能

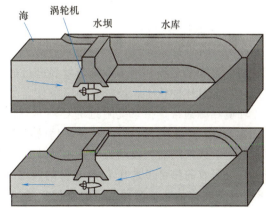

图3-23 潮汐发电原理示意图

和势能统称为潮汐能。潮汐能是一种蕴藏量极大、取之不尽、用之不竭、无须开采和运输、洁净无污染的可再生能源。建设潮汐电站,不需要移民,不会淹没土地,没有环境污染问题,还可以结合潮汐发电发展围垦、水生养殖和海洋化工等综合利用项目。

潮汐能的主要利用方式是潮汐发电。潮汐发电与普通水力发电原理类似,通过出水库,在涨潮时将海水储存在水库内,以势能的形式保存,然后,在落潮时放出海水,利用高、低潮位之间的落差,推动水轮机旋转,带动发电机发电,如图3-23所示。差别在于海水与河水不同,蓄积的海水落差不大,但流量较大,并且呈间歇性,从而潮汐发电的水轮机结构要适合低水头、大流量的特点。

2. 潮汐发电的特点

（1）优点

1）可预测性强。潮汐是由天体引力决定的,可以提前计算出潮汐的变化情况,因此潮汐发电具有较高的可预测性。

2）能源密度高。单位面积的潮汐资源比风能和太阳能资源更大,因此潮汐发电具有较高的能源密度。

3）清洁环保。潮汐能是清洁能源,不会产生温室气体和污染物,对环境友好。

（2）缺点

1）地域限制。潮汐资源分布不均匀,只有部分地区适合建设潮汐发电站,因此潮汐发电的应用范围受到地域限制。

2）建设成本高。潮汐发电站的建设和维护成本较高,需要大量的资金和技术支持。

3）环境影响。潮汐能发电对海洋生态环境可能会产生一定影响,如可能会影响鱼类迁移、底栖生物的栖息地等,需要进行环境评估和监测。

4）技术难度大。潮汐发电技术相对成熟的程度较低,需要进一步的研究和开发,以提高效率和降低成本。

3.5 互补发电

3.5.1 多能互补系统

1. 与环境能源互补

作为一种开放式系统,冷热电联产系统与外界存在物质和能量的交换,而它的中温和低温热利用子系统与外界进行的主要是热交换过程。在进行系统设计配置时,应根据当地具体的技术、经济、环境条件,尽可能结合周围的环境热源来设计。

环境热源通常是指系统附近的环境水热源和空气热源,而环境水热源又可细分为地表水、地下水、中水和污水等。各种环境热源中均蕴含了大量的热。一般地,冷热电联产系统用余热锅炉或换热器回收动力子系统排放的余热,然后供给用户使用。如不考虑散热损失,则1.0份回收的热可带来0.7~0.8份的收益。如果采用吸收式热泵供热,则可向用户提供1.8份甚至更多的热。两种系统的流程示意如图3-24所示。由此可见,用吸收式热泵替代简单的余热锅炉可大幅度提高中品位热的利用效果,从而改善系统的能源利用效率。实际上,采用吸收式热泵的0.8份热的额外效益就无偿地来自环境热源。相对于空气热源而言,水热源的比热容和密度都大得多，使得相同体积时水热源的热容量大得多，相应的换热系数也较大。使用水热源联产系统的结构紧凑，运行成本也较低。但水热源与空气热源不同，并不是随时随地均可方便、经济地获取，它的使用受到很多因素的制约。

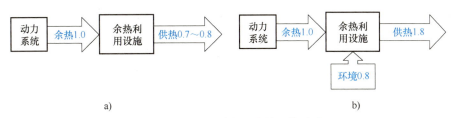

图 3-24 供热系统与环境热源的结合
a）余热锅炉系统 b）吸收式热泵系统

环境热源中的污水主要是指生活污水，中水则是对污水经过一定处理后得到的水。中水来自污水处理厂，它们的温度常年基本保持恒定，一般为15~20℃。地表水温度受环境温度影响，通常比空气温度略低。在夏季制冷状态时，各种水热源的温度均低于环境空气的温度。与空气冷却相比，使用水热源做热阱的制冷子系统性能都会有一定程度的改善。冬季用吸收式热泵供热时，可以从空气热源或水热源中获得环境的低温热。由于空气比热容较小，故空气源热泵的体积较大，使用时风机的噪声也较大，但空气源热泵的低温热源温度下限可以比水源热泵低。冬季地表水的温度较低，存在结冰的可能，因此使用较少。相比之下，中水和污水温度相对空气温度较高，而且较稳定。

2. 与可再生能源互补

目前的冷热电联产系统主要使用化石能源，但随着社会可持续发展的理念日益提升，可再生能源在整个能源系统中所占的比重将越来越大，在冷热电联产系统中的应用也将越来越广泛。以下是易于与化石能源形成互补的可再生能源示例。

1）太阳能作为清洁、可持续能源的代表，除了生产太阳能集热器需要一定材料和部件，太阳能的利用对环境的负面影响很小，而且可以认为太阳能是取之不尽的。太阳能的光热利用温度范围为50~1000℃以上，在光热发电、蒸馏器、干燥器、空调制冷系统、热水器和温室等场合均已得到应用。

2）储存在地下岩石、土壤和地下水中的地热，也是供热、制冷和发电的可选能源之一。地热是一种比较清洁的能源，使用中只会排放少量的二氧化碳。在地热的实际利用过程中，地热的提取速度会受到一定限制。只有热提取速度不超过补充的速度时，地热才是可再生的。

3）生物质能是太阳能以化学能形式储存在生物质中的一种能量形式，它直接或间接地来源于植物的光合作用。在各种可再生能源中，生物质能比较独特，它不仅是储存的太阳能，更是唯一的可再生碳源。生物质能的利用是先转化为二次能源然后再进行利用，或直接转换为高温热然后进行利用。

太阳能集热器是用于吸收太阳辐射并将产生的热传递到传热工质的器件，是组成各种太阳能热利用系统的关键部件。虽然太阳能集热器的种类很多，但太阳能集热器都有一个共同特点，即集热器的集热温度越低，集热器的效率就越高，反之，效率越低。因此，在满足使用要求的前提下，应尽量降低集热器的工作温度。如图3-25所示为平板太阳能集热器。

分布式能源

太阳能资源总量是现在人类所利用的能源总量的一万多倍。但是，太阳能的能量密度很低，而且它因地而异、因时而异，这是开发利用太阳能面临的主要挑战。地热的可使用温度受到地域的限制。我国地热资源以150℃以下的中低温地热资源为主，因此地热发电或直接供热利用应因地制宜。生物质能的应用需要消耗大量植物，而单位土地面积的有机物能量偏低，因此生物质能比较适于分散应用，如可在人口密度低的地区使用。目前典型的开发利用生物质能的设备规模都比较小，主要是通过气化、制氢或直接燃烧等方式进行生物质能的利用。

图 3-25　平板太阳能集热器

冷热电联产系统内部不同的子系统或热力过程对输入热的温度有不同要求，而太阳能可提供不同温度的热，因此，可将太阳能与冷热电联产系统整合。通过太阳能与化石燃料的互补，提供合适温度的热，一方面可以使集热器具有较高的集热效率，另一方面可以满足冷热电联产系统的热输入需求，减少化石能源的消耗量。由于地质条件的差异，不同地区可以提供的地热温度也会有所不同。可以根据地热的具体情况将其导入冷热电联产系统。生物质与化石燃料一起构成双燃料系统，通过生物质的气化或直接燃烧利用，可以减少冷热电联产系统对化石燃料的消耗。

图 3-26 为天然气与太阳能、地热互补的一种情况。我国大部分地区深层土壤的温度较低，无法将土壤中蕴含的热直接提供给用户。但是，可以将土壤作为低温热源，向压缩式热泵提供无偿的低温热。冬季，由于环境温度较低，如果采用太阳能集热器获得直接可利用的热，集热器的效率会很低。而让它提供较低的温度，作为吸收式热泵的低温热源，就可以确保太阳能得到高效利用。在这个系统中，由于压缩式热泵对低温热源

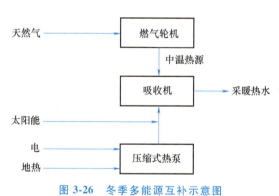

图 3-26　冬季多能源互补示意图

的要求较吸收式热泵低，可将压缩式热泵布置在系统的底部，用于向吸收式热泵提供低温热。太阳能集热器获得的热，温度高于地热，因而可以根据需要将太阳能和地热应用在系统的不同部位上。

与可再生能源互补的冷热电联产系统，除了可以有效利用可再生能源外，还可以提高系统运行的稳定性。太阳能因昼夜而间断、气候变化而不稳定。传统的太阳能利用系统中多采用蓄热装置解决上述问题，因而在传统太阳能的利用研究中，蓄能占有特别重要的地位。生物质的利用需要大量的收集工作，而生物质的生长又受气候等因素的影响，稳定性也存在一定问题。与太阳能或生物质互补的冷热电联产系统，化石能源可以解决可再生能源利用中的不稳定、间断性等问题，从而代替可再生能源利用系统的蓄能装置，起到源头"蓄能"的

功能。同时，可再生能源在冷热电联产系统得到高效利用，减少了冷热电联产系统对化石能源的消耗。

3.5.2 多能互补应用技术

在一些边远地区，尤其是高山和海岛，往往太阳能和风能资源比较丰富，但互补不足，或者互补可以，但总量不足。这时就要因地制宜地，既利用风光互补，又要加入柴油机，实现联合发电运行。

1. 风-柴油机互补应用

风-柴油机并联运行，是风电和柴油机发电最简单的结合方式，可以降低柴油机的平均负载，从而节省燃料。风-柴油机互补系统原理图如图 3-27 所示。

一种改进方案是在柴油机和发电机之间加一个飞轮和电磁离合器，来控制柴油机是否投入，以有效提高节油率，如图 3-28 所示。这种改进方案在运行中不仅弥补了风力发电的不稳定性，而且能最大限度地节约柴油并减少对环境的污染。

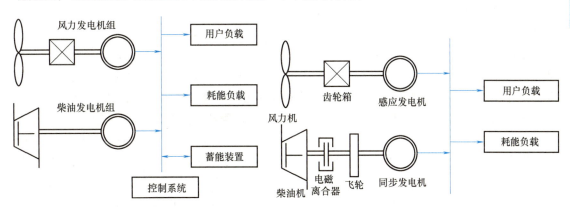

图 3-27 风-柴油机互补系统原理图   图 3-28 改进的风-柴油机互补系统原理图

2. 光-柴油机互补应用

光-柴油机互补利用太阳能光伏系统和柴油发电机互补的方式来提供电力。光-柴油机互补通常适用于太阳能资源充足但不稳定的地区或场所，如偏远地区、岛屿或野外工地等。在这种应用中，太阳能光伏系统和柴油发电机可以相互补充，以确保持续的电力供应。太阳能光伏系统将太阳光转化为电能。当阳光充足时，光伏系统可以提供大量的电力。然而，在阴天或夜晚时，太阳能光伏系统的输出会下降。这时，柴油发电机可以作为备用能源来提供电力。

在光-柴油机互补应用中，太阳能光伏系统是主要的能源来源。它可以直接将太阳能转化为电能，减少了对传统能源的依赖，同时也减少了环境污染。而当太阳能不足时，柴油发电机可以通过燃烧柴油来提供额外的电力需求，以确保电力供应的连续性。

光-柴油机互补应用的好处在于能够充分利用可再生能源和传统能源的优势。利用光伏系统可以减少对柴油发电机的使用，从而降低燃料消耗和运行成本，并减少碳排放。同时，柴油发电机作为备用能源，可以弥补太阳能光伏系统输出波动的不足，确保电力供应的稳定性。

光-柴油机互补发电系统具有投资率高等优点，但对逆变电源要求较高：

分布式能源

1）要求具有较高的效率，以提高系统效率。
2）要求具有较高的可靠性。
3）要求逆变电源的输出应为良好的正弦波。
4）要求直流输入电压适应范围宽。

3. 微型燃气轮机-燃料电池互补应用

微型燃气轮机-燃料电池互补应用是一种利用微型燃气轮机和燃料电池相互补充的能源解决方案。微型燃气轮机是一种小型的燃气轮机系统，通过燃烧燃料（通常是天然气或液化石油气）产生高温高压气体，驱动轮叶产生动力并带动发电机发电。微型燃气轮机具有高效能转换、结构紧凑和低排放等优点。

燃料电池是一种利用化学反应将燃料（通常是氢气）和氧气转化为电能的装置。燃料电池通过电化学反应将燃料氧化产生电子，并通过外部电路来提供电力。在微型燃气轮机-燃料电池互补应用中，微型燃气轮机可以作为主要能源，提供稳定的电力输出。而燃料电池则作为辅助能源，在高负荷需求时起到补充能量的作用。当负荷较小时，燃料电池可以单独运行，提供所需的电力；而当负荷增加时，微型燃气轮机可以启动并与燃料电池一起工作，提供更大的功率输出。

微型燃气轮机和燃料电池都是高效能转换的能源技术。微型燃气轮机具有较高的功率密度和响应速度，适合应对突发的负荷需求。而燃料电池则具有较高的效率和较低的排放，适合长时间稳定运行。微型燃气轮机-燃料电池互补应用能够提供高效、可靠的能源解决方案。通过充分利用两种能源技术的优势，可以满足不同负荷条件下的电力需求。

燃气轮机发电技术已经比较完善、效率较高，且氮化物、CO 等污染物的排放量很少。高温燃料电池与燃气轮机的工作温度相匹配，组成联合发电系统具有更高的效率。商用的燃气轮机效率可高达 60%~75%，是目前矿物燃料动力发电技术中效率最高的。

燃料电池与微型燃气轮机联合发电有非常好的发展前景。二者的联合循环根据布置方式可分为顶层循环和底层循环。

4. 风能-水力互补发电应用

风能-水力互补发电应用是一种将风能和水力能相互补充的能源解决方案。"三北"等内陆风区，多为冬春风大、夏秋风小，与夏秋丰水、冬春枯水的水资源正好互补。在这种应用中，风能和水力能被用作主要的能源来源，以提供可持续的电力。

风能通过风力发电机将风转化为电能。当风速适宜时，风力发电可以提供大量的电力。然而，由于风速的不稳定性，当风力不足时，风力发电的输出会下降。水力能通过将水流转化为电能。水力发电利用水流的动能驱动涡轮机，产生机械能，并通过发电机将其转化为电能。水力能具有较稳定的输出。在风能-水力互补发电应用中，当风力充足时，风力发电系统可以提供电力需求。而当风力不足时，水力发电系统可以补充能源，以确保持续的电力供应。

具体而言，当风力较强时，部分风力发电机的输出电力可以用来抽水并储存水能，形成水库。然后，在风力不足时，可以释放储存的水能，通过水力发电系统将水能转化为电能，以补充电力需求。

风能-水力互补发电应用是一种可持续、可靠的能源解决方案，通过充分利用风能和水力能源的特点，提供稳定的电力供应，避免在枯水季节水力发电量不足的问题，通过共用输配电设备可以节省建设投资，是比较经济、高效的能源利用方式，减少了对传统能源的依赖。

5. 风、氢、生物质、太阳能互补发电应用

风、氢、生物质和太阳能互补发电是一种综合利用多种可再生能源的方法，它们可以相互补充和协同工作来提供可持续的电力。在这种应用中，风能、太阳能和生物质能被用作主要的能源来源，而氢能则被用作储存和转换能源的手段。风能是通过风力发电机将风转化为电能。当风能充足时，风力发电可以提供大量的电力。然而，由于风速不稳定，当风力不足时，风力发电的输出会下降。这时，可以利用氢能来补充能源需求。氢能可以通过电解水来产生氢气，并将其储存起来。当风力发电的输出高于需求时，多余的电力可以用来进行电解水制氢，将产生的氢气储存起来。然后，当风力不足时，储存的氢气可以与氧气反应，产生电能。这样就实现了风能和氢能的互补利用。

生物质能也可以与风能和氢能结合使用。生物质能指的是利用植物或有机废弃物来产生能源。生物质能可以通过燃烧或发酵等方式转化为热能或电能。当风力和氢能不可用时，生物质能可以作为备用能源来提供电力。

太阳能是另一个重要的能源来源。光伏发电利用太阳能将光转化为电能。在风、氢和生物质能无法满足需求时，太阳能可以作为主要的能源来源。

风、氢、生物质和太阳能互补发电的应用可以有效地提供可持续的电力，并降低对传统能源的依赖。利用风能和太阳能发电装置发电，一部分电能直接并入电网，另一部分用于电解水产生氢能，并将产生的氢能储存起来作为备用能源，当天气条件恶劣时，用这部分储备能和生物质能来作为能源，用过热电装置补充供应电能，以保证电力的连续性和稳定性。这种能源系统是环保和可持续发展的，有望在未来得到更广泛的应用。

6. 煤炭地下气化和高温燃料电池互补应用

煤炭地下气化和高温燃料电池是两种不同的技术，它们可以互补应用来提供能源。煤炭地下气化是一种将煤炭在地下进行气化的过程。在这个过程中，煤炭会被加热并与水蒸气反应产生合成气（主要是氢气和一氧化碳）。合成气可以作为燃料供给发电厂或作为其他工业用途。而高温燃料电池是一种利用化学反应将燃料直接转化为电能的装置。它通常使用氢气作为燃料，并通过电化学反应将氢气氧化为水，释放出电子并产生电流。

这两种技术可以互补应用来提供能源。具体而言，煤炭地下气化可以产生大量的合成气，其中包含氢气。这些合成气可以用作高温燃料电池的燃料。通过将合成气输入到高温燃料电池中，可以直接将其转化为电能，同时生成水作为副产品。

这种互补应用的好处在于，煤炭地下气化可以更高效地利用煤炭资源，减少对传统燃煤发电的依赖。而高温燃料电池则是一种清洁、高效的能源转化技术，可以将煤炭产生的合成气直接转化为电能，并且没有排放出大量的二氧化碳等污染物。

煤炭地下气化和高温燃料电池的互补应用是一种可持续的、清洁的能源解决方案，有助于减少对传统煤炭资源的依赖，并降低环境污染。煤炭地下气化技术可使地下的煤炭有控制的气化，气化产物中的氢气、甲烷、一氧化碳等可作为燃料供高温燃料电池使用。这种互补发电，可提高煤炭的利用率并保护环境。

7. 太阳能电池和燃料电池互补应用

太阳能电池是利用光能将光子转化为电能的装置。通过光伏效应，太阳能电池将太阳光

分布式能源

中的光子吸收并激发电子，从而产生电流。太阳能电池主要适用于阳光充足的地区，并且可以直接将太阳能转化为电能。然而，太阳能电池在阴天或夜晚时，输出功率会下降。这时，燃料电池可以作为太阳能电池的互补能源来提供持续的电力。燃料电池是一种利用化学反应将燃料和氧气转化为电能的装置。最常见的燃料是氢气，通过与氧气反应产生水和释放出电子，从而产生电流。燃料电池具有高效能转换、低污染等特点。

在太阳能电池和燃料电池互补应用中，太阳能电池可以在阳光充足时直接将太阳能转化为电能。而当太阳能不足时，燃料电池可以使用储存的氢气作为燃料来继续提供电力。

太阳能电池和燃料电池都是可再生的能源技术，它们都可以以清洁、可持续的方式提供电力。通过互补应用，可以实现太阳能电池和燃料电池的能源平衡，从而确保持续的电力供应。

太阳能电池和燃料电池的互补应用是一种可持续的、稳定的能源解决方案，可以减少对传统能源的依赖，天气条件好时，使用太阳能电池独立工作发电。同时，功率分配器把多余的电能输出到电解反应器产生氢气储存到储氢室中。当天气条件恶劣时，用储氢室中的氢气通入燃料电池进行发电，辅以太阳能电池保持稳定，并降低环境污染。

拓 展 阅 读

边防战士所处的地区通常是海拔较高、气候恶劣的地方，冬季严寒、夏季酷暑以及空气稀薄等因素都对他们的身体造成了极大的负担，如图 3-29 所示。然而，作为保卫国家边境安全的关键力量，边防战士展现了卓越的信念、坚韧的毅力和高尚的品质，呈现出一种独特的精神风貌。他们战胜了各种艰难险阻，面对恶劣的工作环境，始终保持高昂的斗志，用实际行动守护祖国边疆。

图 3-29 驻防官兵生活的环境条件

在极端环境中，多种能源互补的冷热电系统成为解决能源问题的有效途径。太阳能、余热、生物质能等多种能源通过热电联产、冷热联供等方式得以充分利用，实现了能源的高效利用，减少了能源浪费。通过优化能源配置和利用先进技术，不仅能显著降低能源消耗、提高能源利用效率，更能达到节能减排的目的，如图 3-30 所示。这种多种能源互补的冷热电系统，不仅在技术上具有创新性，更体现了社会责任感。

图 3-30 边境的可再生能源利用技术

第4章

动力系统及其主要部件

4.1 动力系统概述

动力系统处于冷热电联产系统的上游,通常根据动力系统确定整个冷热电联产系统所采用的系统集成技术。分布式冷热电联产系统的动力等单元技术的选择取决于许多因素,包括电负荷大小、冷热需求的种类及数量、负荷的变化情况、空间的要求、环保的要求、采用的燃料、经济性和并网情况等。可选的动力技术主要有燃气轮机、内燃机、汽轮机、燃料电池和斯特林机等。

燃气轮机技术是比较成熟的技术,其商业发电用机组的容量规模较小,一般为100~300MW。冷热电联产系统所使用的容量从几百到几万千瓦。燃气轮机采用的燃料为气体燃料或液态燃料。通过使用低NO_X燃烧技术,燃烧室注水、注蒸汽或者在排气中采用选择性还原等技术,可使燃气轮机排气中的NO_X成分控制在很低的水平。燃气轮机的运动部件很少,因此维修工作量也比较少。

在冷热电联产系统中,内燃机的负荷通常在5MW以下。较小的机组可以提供热水,而较大的机组可以提供低压蒸汽。与燃气轮机不同,内燃机的余热回收包括缸套水和烟气余热回收两部分。

到目前为止,汽轮机技术是使用最多、也是使用最久的动力技术之一。它可将来自锅炉或余热锅炉的蒸汽热能量转化为电力或功。汽轮机系统提供了全球电力的大部分份额,它可以使用的燃料包括煤、油、气体燃料以及可再生能源等,同时,从蒸汽涡轮机中抽出的蒸汽可用于供热或制冷。

燃料电池有很多种,目前正在发展的主要有熔融碳酸盐燃料电池(Molten Carbonate Fuel Cell,MCFC)、固体氧化物燃料电池(Solid Oxide Fuel Cell,SOFC)和质子交换膜燃料电池(Proton Exchange Membrane Fuel Cell,PEMFC)。其中MCFC的排气温度在650℃左右,SOFC的排气温度在1000℃左右,两者都属于高温燃料电池,比较适合用于冷热电联产系统,但由于技术价格的原因,燃料电池在冷热电联产系统中的应用尚处于起步阶段。

斯特林机(Stirling Engine)是一种热力机械,它通过热源和冷源之间的温差产生动力。斯特林机的工作原理是通过往复式活塞运动来实现热力循环,其优点在于可以使用各种类型的热源,包括太阳能、化石燃料、生物质能等。但它也有一些限制,如效率较低、制造成本高、机械复杂等,这也限制了其在一些应用领域的广泛使用。

以上所提到的动力系统中,汽轮机系统比较复杂,通常应用于工业系统或是超大型冷热电联产系统。另外,汽轮机性能随着容量的降低而急剧下降,当容量较小时已不具有竞争力。燃料电池尚处于研发阶段,价格昂贵,对燃料的要求很高,技术不够成熟,容量较小,要达到商业化运行还需要一段时间。但随着燃料电池技术的不断成熟和发展,燃料电池在未来的冷热电联产系统中有着广阔的发展前景,有可能处于主导地位。

几种采用不同动力技术的冷热电联产系统比较见表 4-1。

表 4-1 几种采用不同动力技术的冷热电联产系统比较

项目	中小型燃气轮机	微型燃气轮机	内燃机	汽轮机	燃料电池
技术状态	商业应用	商用早期	商业应用	商业应用	研究状态
燃料	气体燃料、油	气体燃料、油	气体燃料、油	气体燃料、油、煤	氢气、天然气
规模/MW	0.5~50	0.025~0.25	0.05~5	0.01~100	0.2~2
输出热量/(MJ/kW·h)	3.6~12.7	4.2~15.8	1.1~5.3		0.5~3.9
可用热量温度/℃	260~593	204~343	93~450		60~1000
余热回收形式	热水、蒸汽	热水、低压蒸汽	热水、低压蒸汽	热水、蒸汽	热水、蒸汽
发电效率(%)	25~45(简单循环);40~60(联合循环)	14~30	25~45	5~15(小型);25~45(大型)	40~70
初装费用/(元/kW)	5500~7500	4000~20000	2000~6000	4500~8500	>25000
运行维护费用/[元/(kW·h)]	0.02~0.07	0.04~0.15	0.03~0.12	0.03	0.02~0.12
大修间隔/h	30000~50000	5000~40000	24000~60000	>50000	10000~40000
起动时间	10min~1h	60s	10s	1h~1d	3~8h
占地面积/(m²/kW)	0.002~0.057	0.014~0.139	0.02~0.029	<0.009	0.059~0.372
燃料压力/kPa(表压)	828~3448	276~600	6.9~310		3.4~310
噪声	中等,需机组隔离	中等,需机组隔离	中等到严重,需建筑隔离	中等到严重,需建筑隔离	低,不需要隔离
NO_x 排放量/[kg/(MW·h)]	0.14~0.91	0.18~0.91	0.18~4.5	取决于锅炉	<0.023

目前冷热电联产系统的动力系统主要使用燃气轮机和内燃机。与燃气轮机相比,内燃机发电效率较高,功热比较大,部分负荷性能较好。因此,如果联产系统对电力需求较大或经常能处于低负荷运行时,应优先考虑内燃机。内燃机的缸套水温度和排气温度较低,而燃气轮机的排气温度较高且流量较大,因此,如果用户对热量需求较大且对热量的要求较高时,燃气轮机具有很大的优势。目前,内燃机在较小容量的联产系统中占有一定优势,而燃气轮机在规模较大的系统中很有吸引力。

鉴于上述几种动力系统的特点,本章将着重介绍燃气轮机、内燃机、燃料电池和斯特林机,便于读者在构建冷热电联产系统时选择合适的动力技术。

4.2 燃气轮机

4.2.1 燃气轮机概述

燃气轮机(Gas Turbine)是一种以连续流动的气体(空气和燃气)为工质、把热能转化为机械功的旋转式动力机械,包括压气机、

什么是燃气轮机

加热工质的设备（如燃烧室）、涡轮机、控制系统和辅助设备等。其结构紧凑，质量轻，操作简单，具有很好的稳定性。同时，燃气轮机安装简单，运行噪声小，寿命长，维护费用较低。

现代燃气轮机主机（发动机）是把热能转化为机械能的组件，通常由压气机、燃烧室和涡轮机三大部件组成。图 4-1 为一台燃气轮机的外形图。压气机是利用机械动力使工质的压力增加，并伴有温度升高的功能部件；燃烧室是使燃料（热源）与工质发生反应，以提高工质温度的功能部件；涡轮机是利用工质膨胀产生机械动力的功能部件。燃气轮机主机将这三大部件有机整合，从而实现预定的热功转换功能。

图 4-1　燃气轮机外形图

燃气轮机的工作原理

4.2.2　燃气轮机的工作过程及原理

在空气和燃气的主要流程中，只有压气机、燃烧室和燃气涡轮机这三大部件组成的燃气轮机循环，通称为简单循环，如图 4-2 所示。这种简单循环方案结构简单，而且最能体现出燃气轮机所特有的体积小、启动快、少用或不用冷却水等一系列优点。燃气轮机装置中的工质在不同设备间流动完成循环。

燃气轮机内部的工质流动，如图 4-3 所示，压气机从外界大气环境吸入空气，并经过轴流式压气机逐级压缩使之增压，同时空气温度也相应提高；压缩空气被压送到燃烧室与喷入的燃料混合燃烧生成高温高压的燃气/烟气；然后再进入涡轮机中膨胀做功，推

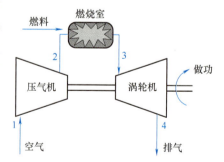

图 4-2　燃气轮机的简单循环

动涡轮机带动压气机和外负荷转子一起高速旋转，实现了气体或液体燃料的化学能部分转化为机械功，并输出电功。从涡轮机中排出的废气排至大气自然放热。

通常在燃气轮机中，压气机是由燃气涡轮机膨胀做功来带动的，它是涡轮机的负载。在简单循环中，涡轮机发出的机械功有 1/2～2/3 用来带动压气机，其余 1/3 左右的机械功用

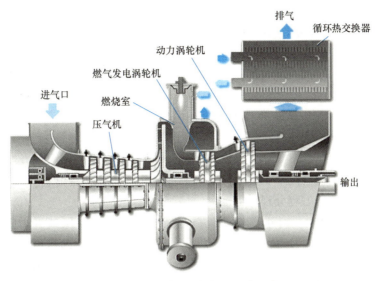

图 4-3 燃气轮机内部的工质流动

来驱动发电机。在燃气轮机起动时,首先需要外界动力,一般是起动机带动压气机,直到燃气涡轮机发出的机械功大于压气机消耗的机械功时,外界起动机脱扣,燃气轮机才能自身独立工作。

燃气轮机的工作原理大致为:压气机连续地从大气中吸入空气并将其压缩;压缩后的空气进入燃烧室,与喷入的燃料混合后燃烧,称为高温燃气/烟气;烟气随即流入燃气涡轮中膨胀做功,推动涡轮叶轮带着压气机叶轮一起旋转;加热后的高温烟气其做功能力显著提高,因而燃气涡轮在带动压气机的同时,尚有余功作为燃气轮机的输出机械功。燃气轮机由静止启动时,需用起动机带着旋转,待加速到能独立运行后,启动机才脱开。

4.2.3 燃气轮机热力循环

1. 热力循环的概念

汽轮机、燃气轮机等热机都是正向循环。循环的全部过程可以在一个气缸内进行,如柴油机循环(Diesel 循环);也可以分别在几个部件内进行,如燃气轮机循环(Brayton 循环)。各种热动力设备采用的循环各不相同,各具特点,但它们的基本特征相同。下面以闭口系统中 1kg 工质的正向循环为例,说明正向循环的性质。正向循环 p-V 图如图 4-4 所示,这个循环是一个抽象、任意确定的正向循环。

正向循环在状态参数坐标图中按顺时针方向进行。p-V 图(也称压容图)上的循环过程以循环的左、右两个端点(即比体积 V 最小的点 1 和最大的点 2)为分界,把该循环分成上、下两段。在上边一段,沿 1-a-2 的过程为膨胀过程,该过程的膨胀功以面积 1-a-2-3-4-1 表示。为了能使工质继续做功,必须将工质沿另一过程从点 2 压缩回到点 1。显然,为了使

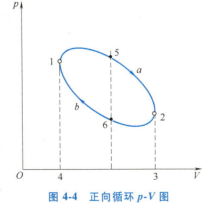

图 4-4 正向循环 p-V 图

工质在一个循环中能够对外界有净功输出,该压缩过程必须沿着一条较低的过程线进行。如图 4-4 中 2-b-1 曲线所示,将工质从点 2 压缩到点 1,该过程消耗外功,消耗功的绝对值以面积 2-b-1-4-3-2 表示,其代数值为负值。这样,沿 1-a-2-b-1 就完成了一个循环。单位工质完成一个循环对外所做的净功以 W 表示。显然,图 4-4 中表示该净功的面积为面积 1-a-2-3-4-1 减去面积 2-b-1-4-3-2,这正好是封闭的循环过程曲线 1-a-2-b-1 所包围的面积。为了使工质在完成一个循环之后对外所做的净功为正值,循环中膨胀过程线的位置必须高于压缩过程线,以使膨胀功在数值上大于压缩功。

2. 理想热力循环

通常,在可逆的理想情况下,燃气轮机把热能转化为机械功是由 4 个热力过程组成正向循环来实现。这 4 个热力过程分别如下。

1)理想绝热压缩过程。对于燃气轮机循环,压缩过程是在压气机中完成。在此过程中,工质状态参数将按绝热过程的规律(pV^k = 常数)进行变化,即压力不断上升,比体积逐渐减小,温度伴随增高。由于工质流量相对大,对外界的散热很小,通常认为与外界没有热量交换,因而是绝热过程,即工质与外界没有热交换,工质状态变化是靠部分透平膨胀功驱动压气机来实现。另外,在理想的可逆情况下,压缩过程中工质的熵值为常数不变。因此,理想绝热压缩过程又称为等熵压缩过程。实际的绝热压缩过程由于存在摩擦、涡流等因素的影响,使工质内能增加(温度升高更多一些),等价于从外部加入同样数量的热量。因此,实际的绝热压缩过程是不可逆的,熵总是增加的。

2)等压燃烧过程。燃气轮机循环的加热过程在燃烧室中完成。从压气机出来的高压气体吸收喷入燃烧室燃料燃烧释放的热量,燃烧过程的结果是工质吸收了外界加入的热量 Q_1,但没有与外界发生机械功的交换。对于加热过程,工质状态参数将按定压过程的规律(V/T = 常数)进行变化,即压力恒定不变(p = 常数),比体积不断增加,温度逐渐上升,熵值也相应增加。

3)理想绝热膨胀过程。燃气轮机循环的膨胀做功过程在涡轮机中完成。在此过程中,工质状态参数按绝热过程的规律(pV^k = 常数)进行变化,不过变化的趋势与压缩过程相反,即压力不断下降,比体积逐渐增大,温度伴随降低。通常认为此过程与外界没有热量交换,也是绝热过程,即工质与外界没有热交换,借助工质状态变化来实现膨胀做功。同样,在理想的可逆情况下,膨胀过程中工质的熵值为常数不变。因此,理想绝热膨胀过程又称为等熵膨胀过程。实际的绝热膨胀过程由于存在摩擦、涡流等因素的影响,过程是不可逆的,熵总是增加。

4)等压放热过程。燃气轮机循环的等压放热过程是通过向大气环境排气放热来完成。由于环境相对于循环系统体系可认为是无限大,其压力为恒定不变且与外界没有机械功传递。这样,对于放热过程,工质状态参数也将按如下变化:压力恒定不变(p = 常数),比体积不断减小,温度逐渐下降。

燃气轮机装置的理想热力循环由 19 世纪美国工程师 G. B. Brayton 提出,因而称为布雷顿循环。布雷顿循环是由绝热压缩过程 1-2、定压加热过程 2-3、绝热膨胀过程 3-4 和定压放热过程 4-1 所组成的可逆循环,如图 4-5 所示。图 4-5a 直观地表示出了燃气轮机中压气机的压缩轴功和透平中的膨胀轴功。

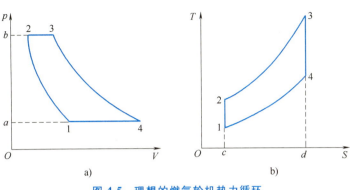

图 4-5 理想的燃气轮机热力循环
a) p-V 图 b) T S 图

3. 其他循环

除了简单循环外,还有回热循环和复杂循环。燃气轮机的回热循环(Regenerative Cycle)是一种改进燃气轮机效率的技术。在传统的燃气轮机循环中,燃气通过压气机压缩、燃烧室燃烧产生高温高压燃气,然后通过涡轮驱动发电机或其他设备,最后排出大量的废热。回热循环通过利用废热来提高系统热效率。它在燃气轮机的排气道中增加了一个回热器,用于从排气中提取热量。提取的热量用来预热通过压气机压缩的空气,然后将预热后的空气送入燃烧室参与燃烧过程。这样做的好处是可以减少对燃料的需求,并将排气温度降低,从而提高燃气轮机的热效率。回热循环可以显著提高燃气轮机的功率输出和热效率。它使得燃气轮机能够更有效地利用燃料的能量,并减少二氧化碳等排放物的产生。因此,回热循环在发电站和工业领域中得到广泛应用,以提高能源利用效率和减少环境影响。燃气轮机的复杂循环(Combined Cycle)是一种将燃气轮机和蒸汽轮机相结合的技术。它通过充分利用燃气轮机废热来产生蒸汽,然后用蒸汽驱动蒸汽轮机,从而提高系统的热效率。在复杂循环中,燃气轮机和蒸汽轮机的输出功率可以分别独立调节,以满足不同功率需求和负荷变化。这使复杂循环具有高度的灵活性和可调节性。此外,由于充分利用了燃气轮机的废热,复杂循环相对于单独使用燃气轮机的简单循环,能够实现更高的热效率和能源利用效率。复杂循环广泛应用于发电行业,特别是在大型发电站中。它不仅提高了发电效率,减少了二氧化碳等排放物的产生,还能够更好地适应负荷需求的变化,使电力系统更具可靠性和经济性。

燃气轮机的工质来自大气,最后又排至大气,是开式循环;此外,还有工质被封闭循环使用的闭式循环。燃气轮机与其他热机相结合称为复合循环装置。

4.2.4 燃气轮机循环热效率的热力学分析

燃气轮机循环的热效率是指从燃料输入到轮机系统的总热能中,最终转化为有效能量输出的比率。燃气轮机循环的热效率通常表示为百分比,具体计算公式为

$$热效率 = \frac{轮机系统的净功率输出}{燃料输入的热值} \times 100\%$$

其中,轮机系统的净功率输出是指燃气轮机发电机的实际输出功率减去启动系统和辅助设备消耗的功率;燃料输入的热值是指燃料中所含的能量,通常以单位质量的燃料的燃烧热值

（Lower Heating Value，LHV）表示。

燃气轮机的热效率可以通过热力学分析来计算，提高燃气轮机循环热效率要从理想状态和实际状态两方面分析。

1. 理想状态燃气轮机的循环热效率

理想状态下，燃气轮机的循环热效率主要取决于循环增压比的压缩比，而与循环增温比关系不大。燃气轮机的性能受两个主要因素影响：燃气的初温和压气机的压缩比。通过提高燃气的初温并相应增加压气机的压缩比，可以显著提升燃气轮机的工作性能。

压缩比表示气体的压缩程度，它是气体压缩前的容积与气体压缩后的容积之比，即气缸总容积与燃烧室容积之比。现代汽油机的压缩比可达 8～11。现代汽油机的压缩比主要受到爆燃的限制，而柴油机没有爆燃的限制，压缩比一般为 12～22。

对增压发动机而言，增压器排气出口的压力与正常进气时进气口压力的比值称为增压比。增压可以提高缸内的压力，但是不能改变压缩比。但是增压技术的效果与提高发动机自身压缩比的效果异曲同工，都是通过在压缩行程时提高空气与汽油的混合程度，从而提高发动机性能。所以，有增压技术的发动机，在设定压缩比时，都会比同排量自然吸气发动机的压缩比低。增压技术主要有涡轮增压、机械增压。涡轮增压是一种通过涡轮机将空气压缩的技术。涡轮增压器通常用于汽车、摩托车和航空发动机等内燃机中，以提高其功率和效率。机械增压是通过机械装置（如涡轮机、齿轮泵、螺杆泵等）将气体或液体压缩，从而提高其压力。机械增压技术通常用于大型工业设备中，如炼油厂、化工厂等。

提高燃气初温也可提高燃气轮机循环的热效率。20世纪70年代末，压缩比最高达到31，工业和船用燃气轮机的燃气初温最高达到 1200℃ 左右，航空燃气轮机的燃气初温超过 1350℃。燃气初温是提高燃气轮机性能的关键所在，若要有所突破，有两点最关键，即涡轮机叶片的冷却和耐高温的材料，如图 4-6 所示。

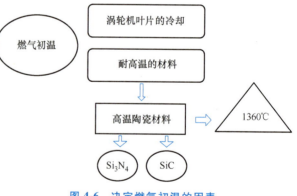

图 4-6 决定燃气初温的因素

除了想获得高的热效率，还想得到单位工质在循环中产生的净功。理想状态下，循环净功除了跟循环压缩比有关外，还与循环增温比有密切关系。净功并不是完全随着增压比的增大而增大的，通常在特定的工况下，能使发动机达到最大热效率或最大功率输出的增压比称作最佳增压比。这个值需要通过实验或者模拟计算来确定，它会受到许多因素的影响，包括发动机的设计、工作条件、燃料类型等。

在设计增压系统时，需要综合考虑这些因素，以确定最佳增压比。如果增压比过高，可能会导致发动机过热、爆燃或者机械损伤；如果增压比过低，可能会导致发动机的功率和效率无法达到最优。需要注意的是，不同的发动机和不同的增压系统，其最佳增压比可能会有所不同。因此，在实际操作中，需要根据具体的情况来确定最佳增压比。

2. 燃气轮机实际循环的热效率

燃气轮机实际循环的热效率提升措施：循环增温比越大，实际循环的热效率越高；保持循环增温比不变,随循环增压比的增加,热效率有一个极大值,增加增温比,热效率和增温比也提高;减小压气机压缩过程和透平膨胀过程的不可逆性;循环特性参数中,循环最高温度最为关键。

在不改变参数的基础上,提升效率的措施还有回热。在回热的基础上分级压缩,中间冷却;在回热的基础上分级膨胀、中间再热。

通过在压缩机级之间添加中间冷却装置,可以降低燃气温度,减少了以下两个方面的能量损失:①压缩工作所需的功率,通过降低燃气温度,减少了压缩机对气体的引入工作,从而减少了压缩过程中所需的功率;②传递给下一个级别的热量,在中间冷却装置中,通过与冷却介质接触,燃气中的热量部分被吸收或冷凝,这样可以减少传递给下一个级别的热量,降低了系统的热量损失。通过分级膨胀和中间再热,可以进一步提高燃气轮机循环的热效率。中间再热器的作用是在膨胀过程中将燃气的温度升高,从而提高燃气轮机的工作效率。

这两种循环方式的优点是能够最大限度地利用燃气的热能,提高能量的转换效率,从而提高燃气轮机的整体热效率。两者在大型发电站、工业领域和航空领域等得到了广泛的应用,能够提供更好的能源利用效率。

必须指出的是,以上理论分析是建立在引入回热的基础上,如果不采用回热,仅仅采用分级,整体的热效率不仅不会升高,反而会降低。

4.2.5 燃气轮机的特点及应用

1. 燃气轮机的特点

(1) 燃气轮机的优点

1) 高效率。在大功率输出时,燃气轮机的热效率可以达到很高的水平,尤其是在联合循环发电系统中,其效率可以超过60%。

2) 轻量化。相比同等功率的往复式内燃机,燃气轮机的质量和体积都要小得多,这对于航空航天等对质量和体积有严格要求的应用领域来说是很重要的。

3) 灵活性。燃气轮机可以很快地启动和停止,对负荷的变化反应迅速,这使得它们非常适合用于应对电网负荷波动的峰值发电。

4) 清洁。燃气轮机燃烧的燃气通常比煤炭等固体燃料更加清洁,排放的污染物也较少。

(2) 燃气轮机的缺点

1) 敏感性。燃气轮机对燃气质量、温度和压力的变化非常敏感,需要精确地控制系统来确保其安全和稳定运行。

2) 维护成本。燃气轮机的部件在高温高压条件下工作,磨损较快,需要定期进行检修和更换,这会增加其运行成本。

3) 在小负荷运行时效率低。燃气轮机在满负荷运行时效率较高,但在小负荷运行时,其效率会显著下降。

4) 初始投资大。燃气轮机的制造和安装成本相对较高,需要较大的初始投资。

2. 燃气轮机的应用

如图4-7所示,燃气轮机具有广泛的应用领域,主要包括以下几个方面。

1) 燃气轮机在电力行业中被广泛用于发电。它们可以通过燃烧天然气、石油产品或生

分布式能源

图 4-7 燃气轮机的主要应用

物质燃料等，将化学能转化为机械能，然后通过发电机将机械能转化为电能。燃气轮机具有快速启动、高效率和较小的体积等特点，在基础负荷、峰值负荷和备用电源方面发挥重要作用。

2）燃气轮机被广泛应用于工业领域，如石化、钢铁、化肥、纸浆和造纸等行业，可用于驱动压缩机、泵等设备，或直接提供动力，满足工业生产中的能源需求。

3）燃气轮机作为航空发动机的核心部件，广泛用于商用飞机、军用飞机和直升机等飞行器。其高效率、较小的体积和轻量化的特点，使得飞行器能够获得足够的推力，并提供所需的动力。

4）燃气轮机在船舶领域也有应用，常用于驱动船舶的推进系统，如涡轮螺旋桨和水下推进器，为船舶提供动力和推进力。

5）燃气轮机还可以与余热锅炉、汽轮机和制冷机等设备结合，实现冷热电联产，如图 4-8 所示。通过利用燃气轮机废气中的余热，产生高温高压蒸汽，用于供暖、制冷、工业生产或其他需求。

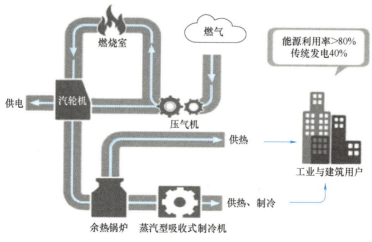

图 4-8 用燃气轮机实现冷热电联产

4.2.6 微型燃气轮机

微型燃气轮机（Microturbine）即微燃机，是一类新型热力发动机，其单机功率范围为数十至数百千瓦。国际上通常将功率范围在 25～300kW 之间的燃气轮机称为微型燃气轮机。微燃机是近些年（20世纪 90 年代）开发出来的，在美国首次用在汽车上，其组成为压气机、燃烧室、涡轮机和发电机，如图 4-9 所示。

微型燃气轮机构造具有以下特点：采用径流式叶轮机械（向心式的涡轮机和离心式压气机，在转子上两者叶轮为背靠背结构）；通常采用高效板翅式回热器，有些还采用空气轴承，不需要机油系统；体积非常小、无污染、无噪声，与发电机同为一体，便于搬运和安装，能提供优质的冷热电能源。

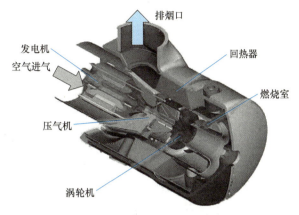

图 4-9　微型燃气轮机内部构造

同大型汽轮机相比，微燃机工作时的压缩比要低。以天然气、汽油、柴油等为燃料，单独发电效率虽难以超过 30%，但产生的余热容易利用。一般，带有回热、变频、高速电动机等设施的微燃机效率可达 25%～30%；排烟温度在 200～300℃；系统的能源利用效率达 70%～90%，且排放很小。

微燃机相比其他能源系统和发电设备，具有一些显著的竞争优势：简单的径向设计构造，紧凑减振，成本较低；与涡轮机同轴的高速交流发电机，进一步减小了体积；高效的回热器提高了整体效率；智能的功率逆变控制器，解决了为用户电力输出、自动控制等一系列问题。

微燃机的高效率、环保性、耐用性、经济性、多种燃料适应性以及灵活配置和安全可靠性是其未来发展的方向。

1）高效率。微燃机追求高效率，目标是达到 40% 以上。为实现更高的效率，可以通过改进燃烧系统、提高压缩比、减小热损失、增加余热回收等手段来优化燃气轮机的效率。

2）环保性。微燃机应满足严格的环保标准，特别是在 NO_x 排放方面。目标是将 NO_x 排放量控制在 $7×10^{-6}$ kg/(MW·h) 以下，通过优化燃烧工艺、采用低排放燃料以及使用新型排放控制技术等手段来实现环保要求。

3）耐用性。微燃机应具备长时间的运行寿命，一般目标可以设定为 11000h 以上。提高材料耐热性、增强冷却和润滑系统、改善燃气轮机零部件的制造工艺等可以提高微燃机的耐久性。

4）经济性。尽管微燃机在经济性方面仍有进一步改进的空间，但它具备高效率、小型化和快速启停等特点，有潜力在成本效益上有所突破，进一步降低制造成本、提高系统集成度以及优化燃料利用和运维成本等方面的努力，将有助于提高微燃机的经济性。

5）多种燃料适应性。微燃机应具备燃料适应性，能够燃烧多种燃料，如天然气、液化石油气、生物质燃料等。这有助于实现能源资源的多样化利用和减少对传统化石燃料的依赖。

6）灵活配置和安全可靠性。微燃机应具备灵活的配置能力，能够适应不同需求和应用场景，以满足用户的多样化需求。同时，设备的模块化设计和安全保护系统的完善，可以确保在一台设备检修时不影响整体运行，提高系统的可靠性和安全性。

微燃机适用地点广泛，如废气燃烧地点；需要提供临时电力的地点；经常停电的地点，可提高电能质量和可靠性；电费较高的地点；无电网的偏远地区；可用峰荷电价向电力交易中心售电的地点；要求提供冷热电服务的地点。其小型化、高效率和燃料灵活性等特点，使得微燃机成为当今能源转型和清洁能源发展中的一种重要选择。

4.3 内燃机

4.3.1 内燃机概述

内燃机（Internal Combustion Engine）是燃料在机器内部燃烧而将能量释放做功的发动机，其内部构造如图4-10所示。它通过燃料的燃烧过程，使得活塞在气缸内做往复运动，从而驱动连杆和曲轴，将热能转化为机械能输出。它的工质在燃烧前是燃油、燃气与空气的混合气，在燃烧后则是燃烧产物。

内燃机热泵技术最初以大型机组为主，在20世纪80年代中后期实现了中小型空气源机组的商业化批量生产。受过去的能源政策、技术经济环境、能源供应状况及价格等因素制约，我国的内燃机热泵技术发展较晚。内燃机热泵技术利用内燃机的热能产生热源，并通过热泵循环系统将这些热能转移到需要供热或供冷的空间。内燃机提供热源，热泵通过压缩、冷凝、膨胀等过程实现热能转移，从而实现供热和供冷功能。该技术可以同时提供供热和供冷的功能，具有高效能利用、节能减排的优势。内燃机可以提供稳定可靠的热源，而热泵循环系统可以实现高效的热能转移，提高能源利用效率。

图4-10 内燃机内部构造

广义的燃气内燃机不仅包括往复活塞式内燃机、旋转活塞式发动机和自由活塞式发动机，还包括旋转叶轮式燃气轮机、喷气式发动机等。通常所指的燃气内燃机是活塞式燃气内燃机，以往复式最为普遍。

4.3.2 内燃机循环的热力学分析

1. 内燃机循环的发展历程

活塞式内燃机自19世纪60年代问世以来，经过不断改进和发展，已是比较完善的机械。它的热效率高、功率和转速范围宽、配套方便、机动性好，所以获得了广泛的应用。全世界各种类型的汽车、拖拉机、农业机械、工程机械、小型移动电站和战车等都以内燃机为动力。海上商船、内河船舶和常规舰艇，以及某些小型飞机也都由内燃机来推进。世界上内燃机的保有量在动力机械中居首位，它在人类活动中占有非常重要的地位。

  活塞式内燃机起源于用火药爆炸获取动力，但因火药燃烧难以控制而未获成功。1794年，英国人斯特里特提出从燃料的燃烧中获取动力，并且第一次提出了燃料与空气混合的概念。1833年，英国人赖特提出了直接利用燃烧压力推动活塞做功的设计。之后人们又提出过各种各样的内燃机方案，但在19世纪中叶以前均未付诸实用。直到1860年，法国的勒努瓦模仿蒸汽机的结构，设计制造出第一台实用的煤气机。这是一种无压缩、电点火、使用照明煤气的内燃机。勒努瓦首先在内燃机中采用了弹力活塞环。这台煤气机的热效率为4%左右。

  英国的巴尼特曾提倡将可燃混合气在点火之前进行压缩，随后有文献论述了对可燃混合气进行压缩的重要作用，并且指出压缩可以大大提高勒努瓦内燃机的效率。1862年，法国科学家罗沙对内燃机热力过程进行理论分析之后，提出了提高内燃机效率的要求，这就是最早的四冲程工作循环。

  1876年，德国发明家尼考罗斯·奥古斯特·奥托（Nikolaus August Otto）运用罗沙的原理，创制成功第一台往复活塞式、单缸、卧式、3.2kW（4.4马力，1马力=735.499W）的四冲程内燃机，仍以煤气为燃料，采用火焰点火，转速为156.7r/min，压缩比为2.66，热效率达到14%，运转平稳。在当时，无论是功率还是热效率，它都是最高的。奥托内燃机获得推广，性能也在提高。1880年单机功率达到11~15kW（15~20马力），到1893年又提高到150kW。由于压缩比的提高，热效率也随之增高，1886年热效率达到15.5%，1897年已高达20%~26%。1881年，英国工程师克拉克研制成功第一台二冲程的煤气机，并在巴黎博览会上展出。

  随着石油的开发，比煤气易于运输携带的汽油和柴油引起了人们的注意，首先获得实用的是易于挥发的汽油。1883年，德国的戴姆勒（Daimler）创制成功第一台立式汽油机，它的特点是轻型和高速。当时其他内燃机的转速不超过200r/min，它却一跃而达到800r/min，特别适应交通运输机械的要求。1885—1886年，汽油机作为汽车动力运行成功，大大推动了汽车的发展。同时，汽车的发展又促进了汽油机的改进和提高。不久汽油机又用作小船的动力。

  1892年，德国工程师狄塞尔（Diesel）受面粉厂粉尘爆炸的启发，设想将吸入气缸的空气高度压缩，使其温度超过燃料的自燃温度，再用高压空气将燃料吹入气缸，使之着火燃烧。他首创的压缩点火式内燃机（柴油机）于1897年研制成功，为内燃机的发展开拓了新途径。狄塞尔开始力图使内燃机实现卡诺循环，以求获得最高的热效率，但实际上做到的是近似的等压燃烧，其热效率达26%。压缩点火式内燃机的问世，引起了世界机械业的极大兴趣，压缩点火式内燃机也以发明者而命名为狄塞尔引擎。

  这种内燃机以后大多用柴油为燃料，故又称为柴油机。1898年，柴油机首先用于固定式发电机组，1903年用作商船动力，1904年用于舰艇，1913年第一台以柴油机为动力的内燃机车制成，1920年左右柴油机开始用于汽车和农业机械。早在往复活塞式内燃机诞生以前，人们就曾致力于创造旋转活塞式内燃机，但均未获得成功。直到1954年，联邦德国工程师汪克（Wankel）解决了密封问题后，才于1957年研制出旋转活塞式发动机，称为汪克尔发动机。它具有近似三角形的旋转活塞，在特定型面的气缸内做旋转运动，按奥托循环工作。这种发动机功率高、体积小、振动小、运转平稳、结构简单、维修方便，但由于它燃料经济性较差、低速转矩低、排气性能不理想，所以还只是在个别型号的轿车上得到采用。

2. 内燃机循环的热力学分析

内燃机的循环的热力学分析是通过研究内燃机在工作循环中的能量转换和热力学过程，以分析和评估其性能和效率。对于柴油机，主要理想循环为萨巴德循环和狄塞尔循环。萨巴德循环为混合加热理想循环，其过程为绝热压缩—定容加热—定压加热—绝热膨胀—定容放热。狄塞尔循环为定压加热理想循环，过程为绝热压缩—定压加热—绝热膨胀—定容放热。汽油机理想循环为奥托循环，即定容加热理想循环，其过程为绝热压缩—定容加热—绝热膨胀—定容放热。

内燃机的三种理论循环公式分别是奥托循环、狄塞尔循环和萨巴德循环，三种形式对应着定容加热循环、定压加热循环和混合加热循环，如图 4-11 所示。这三种循环形式在不同程度上影响了内燃机的发展和应用。

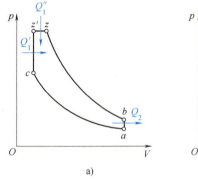
a)

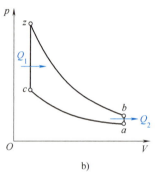
b)

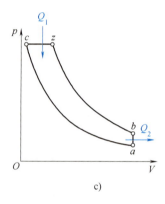
c)

图 4-11 内燃机的三种理论循环

a）萨巴德循环 b）奥托循环 c）狄塞尔循环

奥托循环是内燃机最早的一种循环形式，它基于等容燃烧和等压冷却假设。这种循环形式可以获得较高的动力和较低的油耗，但需要较高的压缩比和较高的燃烧温度，因此不适合用于低速发动机。同时，由于等容燃烧和等压冷却的假设，奥托循环在实际应用中存在着一些限制和缺陷。

狄塞尔循环是一种基于等压燃烧和等容冷却假设的循环形式。这种循环形式可以适应较低的压缩比和较高的燃烧温度，因此适合用于低速发动机。此外，由于等压燃烧和等容冷却的假设，狄塞尔循环在实际应用中也能够较好地适应不同的工况和负荷变化。

萨巴德循环即被广泛使用的内燃机混合加热循环，实际上是理想发动机的循环，称为空气循环，对它的数学描述建立在热力学基础之上。空气循环对工质的性质、热力过程的进行条件要求极高，如它要求在压缩和膨胀冲程中与外界没有热交换，即压缩和膨胀过程为绝热过程。

在实际应用中，根据不同的工况和负荷变化，选择不同的循环形式可以更好地优化内燃机的工作效率和性能。同时，也需要注意不同循环形式的优缺点和适用范围，以便更好地理解和应用内燃机的工作原理和性能。

4.3.3 内燃机的分类

内燃机的分类方式很多，通常按燃料、气缸内的着火方式、冷却方式、冲程数、活塞的运动方式、气缸数量、转速、增压程度、气缸排列方式、燃烧室设计方式、用途等分类。

1. 按燃料分类

内燃机按燃料分类有汽油机、柴油机、天然气发动机、液化石油气发动机、酒精发动机、双燃料发动机（吸入天然气，喷入柴油点火）。汽油内燃机是最常见的内燃机之一，使用汽油作为燃料。汽油内燃机通常用于轻型汽车、摩托车和小型飞机等领域。柴油内燃机使用柴油作为燃料，相比汽油内燃机具有更高的热效率和更低的燃料消耗。柴油内燃机通常用于重型货车、船舶、发电机组等领域。如图4-12所示为汽油机和柴油机的内部构造。

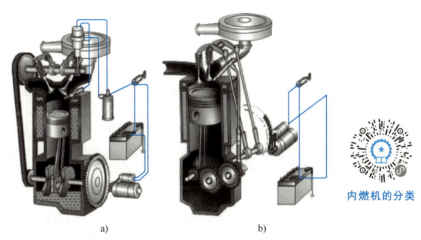

图4-12 汽油机和柴油机的内部构造
a）汽油机 b）柴油机

2. 按气缸内的着火方式分类

1）火花点火式内燃机（Spark Ignition Engine）。火花点火式内燃机是最常见的内燃机类型之一。它通过在气缸内的燃烧室中产生一个电火花来点燃混合气体，使其燃烧。这种类型的内燃机通常使用汽油作为燃料，适用于轻型汽车、摩托车等。

2）压燃式内燃机（Compression Ignition Engine）。压燃式内燃机也称为柴油机，是另一种常见的内燃机类型。它通过在气缸内的高温高压环境下将燃油喷入燃烧室，由于压缩使得混合气体自燃而燃烧。这种类型的内燃机通常使用柴油作为燃料，适用于重型货车、船舶等。

3）轮式点火式内燃机（Stratified Charge Engine）。轮式点火式内燃机是一种改进的火花点火式内燃机。它使用特殊的燃烧室设计和喷油系统，使燃料与空气形成较为稀薄的混合气体，通过点火点燃较为局部的区域，以实现更高的燃烧效率。这种类型的内燃机通常用于提高汽车燃油的经济性和减少排放。

4）混合式内燃机（Homogeneous Charge Compression Ignition Engine）。混合式内燃机是一种结合了压燃式和火花点火式的内燃机。它通过在气缸内将燃油和空气混合后，通过压缩使其自燃而燃烧。这种类型的内燃机具有较高的热效率和较低的排放，但技术上较为复杂，目前仍处于研发阶段。

3. 按冷却方式分类

1）水冷式内燃机（Water-Cooled Engine）。水冷式内燃机通过在发动机外部安装一个水箱和水泵，将循环的冷却水流经发动机中的散热器，以吸收和散发发动机产生的热量，如图 4-13a 所示。这种类型的内燃机冷却效果好，可用于高功率和长时间运转的发动机，如汽车、货车、船舶等。

2）风冷式内燃机（Air-Cooled Engine）。风冷式内燃机通过在发动机表面设置散热片或散热鳍片，利用空气流动来散热如图 4-13b 所示。这种类型的内燃机结构简单，维护方便，但冷却效果不如水冷式内燃机，通常用于低功率、短时间运转的发动机，如摩托车、小型飞机等。

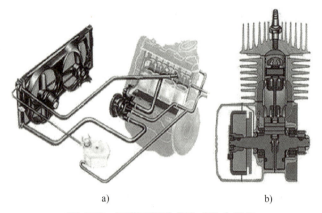

图 4-13　两种不同冷却方式的内燃机
a）水冷式内燃机　b）风冷式内燃机

3）油冷式内燃机（Oil-Cooled Engine）。油冷式内燃机通过在发动机中设置散热器和油管路，将循环的机油流经发动机中的散热器，以吸收和散发发动机产生的热量。这种类型的内燃机冷却效果较好，但油温过高可能会影响润滑效果，通常用于高功率、高温环境下运转的发动机，如赛车、军用车辆等。

4）水油混合式内燃机（Water-Oil Hybrid Engine）。水油混合式内燃机是一种结合了水冷和油冷的内燃机。它通过在发动机中同时设置水和油的循环系统，以提高冷却效果和润滑效果。这种类型的内燃机适用于高功率、高温环境下长时间运转的发动机，如工程机械、发电机组等。

如图 4-13 所示为两种不同冷却方式的内燃机。

4. 按冲程数分类

1）四冲程内燃机（Four-Stroke Engine）。四冲程内燃机是最常见的内燃机类型之一。它通过四个冲程（进气、压缩、爆发和排气）完成一个循环，如图 4-14a 所示。在进气冲程中，气缸吸入混合气；在压缩冲程中，混合气被压缩；在爆发冲程中，混合气被点火并燃烧；在排气冲程中，废气被排出。这种类型的内燃机通常具有较高的热效率和较低的排放。

2）二冲程内燃机（Two-Stroke Engine）。二冲程内燃机是一种工作循环只需两个冲程（工作冲程和排气冲程）的内燃机，如图 4-14b 所示。

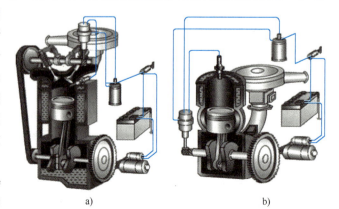

图 4-14　两种冲程数的内燃机
a）四冲程内燃机　b）二冲程内燃机

在工作冲程中，混合气被压缩和点火，并推动活塞向下运动；在排气冲程中，废气被排出，同时新鲜混合气进入气缸。这种类型的内燃机结构简单、质量轻，但燃油消耗和排放相对较高。

5. 活塞的运动方式分类

1）往复式内燃机（Reciprocating Engine）。往复式内燃机是最常见的内燃机类型之一，其中活塞沿着气缸轴向来回往复运动，如图4-15a所示。往复式内燃机包括四冲程和二冲程两种工作循环，通过活塞的上下运动完成进气、压缩、爆发和排气等工作过程。

2）旋转式内燃机（Rotary Engine）。旋转式内燃机也称为转子发动机，其活塞以旋转的方式工作，如图4-15b所示。

6. 按气缸数量分类

内燃机按气缸数量可分为单气缸和多气缸两种类型，如图4-16所示。气缸数量不仅影响内燃机的输出功率和转矩，还会影响内燃机的体积、质量和成本等方面。

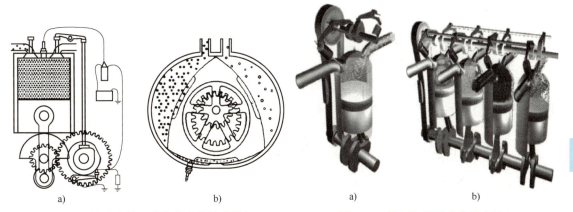

图4-15 按活塞的运动方式分类的内燃机
a）往复式内燃机 b）旋转式内燃机

图4-16 按气缸数量分类的内燃机
a）单气缸内燃机 b）多气缸内燃机

7. 按转速分类

1）低速内燃机（Low Speed Engine）。低速内燃机的转速通常为50~300r/min，主要用于大型船舶、发电机组等场合。低速内燃机的优点是效率高、寿命长、维护成本低等。

2）中速内燃机（Medium Speed Engine）。中速内燃机的转速通常为300~1000r/min，主要用于柴油机车、柴油发电机组等场合。中速内燃机的优点是功率密度高、燃油经济性好、排放低等。

3）高速内燃机（High Speed Engine）。高速内燃机的转速通常为1000~5000r/min，主要用于小型汽车、摩托车、飞机等场合。高速内燃机的优点是体积小、质量轻、启动快等。

发动机转速的高低关系到单位时间内做功次数的多少或发动机有效功率的大小，即发动机的有效功率随转速的不同而改变。因此，在说明发动机有效功率的大小时，必须同时指明其相应的转速。

8. 按增压程度分类

内燃机按增压程度可分为非增压（Naturally Aspiration，自然吸气）式和增压（Supercharging：Turbo，Mechanical）式两种，如图4-17所示。增压式又可分为低增压（$\pi b<1.8$）、

中增压（πb=1.8~2.5）、高增压（πb=2.5~3.6）、超高增压（πb>3.6），其中 πb 为增压后压力与进气压力之比。

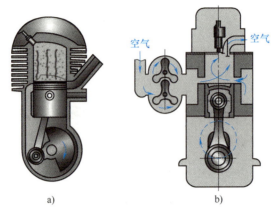

图 4-17　按增压程度分类的内燃机

a）非增压式内燃机　b）增压式内燃机

9. 按气缸排列方式分类

内燃机按气缸排列方式分类有直列式、V 形、星形、双活塞式、对置活塞式、180°V 形、H 形、W 形、三角形，如图 4-18 所示。

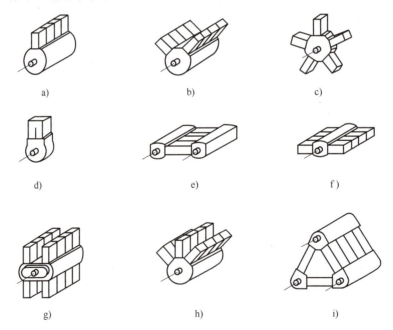

图 4-18　内燃机气缸的各种排列形式

a）直列式　b）V 形　c）星形　d）双活塞式　e）对置活塞式　f）180°V 形
g）H 形　h）W 形　i）三角形

10. 按燃烧室设计方式分类

内燃机按燃烧室设计方式分为开式（如浴盆形、楔形、半球形、碗形、ω 形等）和分割式（具有辅助燃烧室，如涡流室、预燃室等）。内燃机按进排气门、凸轮轴设计和布置分为：

1）2气门、4气门（或多气门，3~5气门）。
2）顶置气门、侧置气门。
3）顶置凸轮轴、下置凸轮轴。

11. 按不同用途分类

按照不同的用途，内燃机可分为汽车发动机、飞机发动机、船舶发动机、发电机组等多种类型。图4-19为内燃机应用于汽车实例图。

图4-19 内燃机应用于汽车实例图

4.3.4 内燃机的构造

内燃机的组成部分主要有气缸体-曲轴箱组、曲柄连杆机构、配气机构、燃油系统、点火系统、润滑系统、冷却系统、启动装置等。如果是汽油机，还包括点火系统；若为增压内燃机，还应有增压系统。

1. 气缸体-曲轴箱组

气缸体-曲轴箱组包括气缸盖、气缸体、曲轴箱等。同曲柄连杆机构、配气机构、冷却和润滑系统相连。

气缸体（Cylinder Block）是内燃机的主要结构之一，通常由铸铁或铝合金等材料制成。气缸体内设置有气缸，用于容纳活塞和气缸盖等零部件。气缸体还包括供气缸壁提供冷却和润滑的水道和油道等结构。气缸体的设计和制造质量直接影响着内燃机的性能、可靠性和耐久性。

曲轴箱（Crankcase）是内燃机的另一个重要部分，通常位于气缸体下方，用于容纳曲轴、连杆和主轴承等零部件。曲轴箱内还设置有机油池，用于存储机油，并通过油泵将机油送至各润滑点。曲轴箱的设计和制造质量对内燃机的润滑系统和运转稳定性有着重要影响。

气缸体和曲轴箱组合在一起形成了内燃机的核心结构，承载着内燃机的各个关键部件，并提供必要的支撑和密封。

2. 曲柄连杆机构

曲柄连杆机构是内燃机传递运动和动力的机构。它把活塞的往复运动转变为曲轴的旋转运动，从而输出动力。曲柄连杆机构主要包括活塞、活塞环、活塞销、连杆、曲轴、飞轮等。

3. 配气机构

配气机构的作用是使新鲜空气或混合气按一定要求、在一定时刻进入气缸，并使燃烧后的废气及时排出气缸，保证内燃机换气过程顺利进行。配气机构主要由进气门、排气门、进/排气门座和控制进、排气门的传递机构（挺柱体、半圆键、凸曲轴及正时齿形带）组成。

4. 燃油系统

柴油机燃油系统的作用是将一定量的柴油，在一定的时间内、以一定压力进入燃烧室，与空气混合后进行燃烧。它主要由柴油箱、输油泵、柴油滤清器、高压油泵、喷油器、调速器等组成。

内燃机的喷油器是用于将燃料喷射到燃烧室内形成可燃混合物的重要组件。喷油器的主要功能是控制燃料的喷射时间、喷射量和喷射形式，确保燃料能够在适当的时机、适量的量和合适的方式进入燃烧室。现代汽车多采用电子喷射系统，通过传感器和控制单元实现对燃料的精确控制，提高燃烧效率和动力输出。

5. 点火系统

内燃机的点火系统是将混合气体点火引燃的关键部分，它负责在适当的时机产生高压电火花，点燃气缸中的混合气体。一般而言，内燃机的点火系统包括以下几个主要组成部分。

1）点火线圈（Ignition Coil）。点火线圈是点火系统的核心部件之一，它将低电压直流电源转换为高电压脉冲，用于产生点火火花。点火线圈通常由一个或多个线圈组成，通过磁场的变化来实现电压的升高和脉冲的产生。

2）点火开关（Ignition Switch）。点火开关是控制点火系统开关的装置，通常位于车辆的驾驶员座位附近。通过打开或关闭点火开关，可以控制点火系统的启动和关闭。

3）点火触发器（Ignition Trigger）。点火触发器是检测发动机转速和位置的传感器，用于确定点火时机。它通常与曲轴或凸轮轴相连，根据转速和位置信号来触发点火系统的工作。

4）点火塞（Spark Plug）。点火塞是点火系统的最终部件，它通过电火花点燃气缸中的混合气体。点火塞通常由金属电极、绝缘体和外壳组成，其中金属电极之间产生高压电火花，点燃混合气体。

5）点火控制单元（Ignition Control Unit）。点火控制单元是现代内燃机点火系统中的一个重要组成部分，它负责接收来自点火触发器和其他传感器的信号，并根据这些信号来控制点火线圈的工作。点火控制单元可以根据发动机工况和驾驶需求来调整点火时机和点火能量，以提供最佳的燃烧效率和动力输出。

6. 润滑系统

内燃机的润滑系统是保护发动机各个运动部件免受磨损和损坏的重要部分，它负责在运转过程中向各个运动部件提供机油，并将摩擦产生的热量带走，一般而言，内燃机的润滑系统包括以下几个主要组成部分。

1）机油箱（Oil Pan）。机油箱是存放机油的容器，通常位于发动机底部。它具有一定的容积，能够储存足够的机油供发动机使用。

2）机油泵（Oil Pump）。机油泵负责将机油从机油箱抽送到发动机各个运动部件上。现代汽车中常采用齿轮式润滑泵或螺杆式润滑泵，通过机械驱动实现机油的供应。

3）机油滤清器（Oil Filter）。机油滤清器用于过滤机油中的杂质和污染物，以保护发动机各个运动部件的正常运行。机油滤清器通常位于润滑系统的进口处。

4）机油冷却器（Oil Cooler）。机油冷却器用于降低机油的温度，以提高润滑效果和延长机油的使用寿命。机油冷却器通常与发动机散热器相连，通过水冷或空气冷却来实现机油的冷却。

5）机油管路（Oil Lines）。机油管路负责将机油从润滑泵输送到发动机各个运动部件上，并将使用过的机油输送回机油箱。机油管路通常由金属管道或软管组成。

6）机油压力调节器（Oil Pressure Regulator）。机油压力调节器用于调节润滑系统的压力，确保机油供应的稳定性和一致性。

7. 冷却系统

内燃机冷却系统是为了控制发动机各部件温度，保持其在适当范围内运行而设计的系统。它通过循环流动冷却介质将产生的热量带走，以防止发动机过热，保证内燃机的正常工作温度。内燃机冷却系统一般包括以下主要组成部分：水泵（水冷）、散热器、热交换器、冷却液（水冷）等。

内燃机可以采用风冷和水冷两种不同的冷却系统。风冷系统通过利用空气流动来散热，不需要使用冷却液或水泵，一般采用散热器和冷却风扇来降低发动机温度。风冷系统结构相对简单，不易受水路堵塞等问题影响。水冷系统通过循环冷却液（一般是水和防冻液的混合物）来带走发动机产生的热量。水冷系统通常包括水泵、散热器和风扇，能够实现更稳定和高效的冷却效果。

风冷和水冷系统各有优缺点，适用于不同的场景。风冷系统结构简单，不需要额外的冷却介质，适用于一些小型内燃机和环境水源不便的情况。而水冷系统具有更好的散热效果和控制能力，适用于大型内燃机和对温度控制有更高要求的应用。在选择冷却系统时，需要考虑发动机的功率、工作环境、可用冷却介质和成本等因素。

8. 启动装置

启动装置是使内燃机由静止过渡到自行运转所需的装置，由起动机、传动机和操作系统组成。内燃机本身不能自行起动，必须靠外力旋转曲轴，直到曲轴达到内燃机气缸开始着火所需的转速以后，内燃机才能由自己发出的功来维持稳定运转。

4.3.5 内燃机的工作原理

内燃机的工作循环由进气、压缩、燃烧和膨胀、排气过程组成。这些过程中只有膨胀过程是对外做功的过程，其他过程都是为更好地实现做功过程而需要的过程。内燃机气缸中进行的每一次将热能转变为机械能的一系列连续过程称为内燃机的一次工作循环（做一次功）。活塞经过四个行程（曲轴转两周）完成一个工作循环的内燃机称为四冲程内燃机。活塞经过两个行程（曲轴转一周）完成一个工作循环的内燃机称为二冲程内燃机。按实现一个工作循环的行程数，工作循环可分为四冲程和二冲程两类。

1. 四冲程汽油机的工作原理

（1）进气行程　在进气行程中，活塞由曲轴带动从上止点向下止点运动，进气门开启，排气门关闭。随气缸内容积的增大，产生真空度，在大气的压差作用下，新鲜空气被吸入进气管，先经过化油器与汽油混合，形成可燃混合气后再进入气缸。由于进气系统阻力的影响，进气终了时，缸内气体压力低于大气压，为 75~90kPa。同时，由于受到高温机件以及缸内残余废气散热的影响，进缸的新鲜气体温度为 370~440K。

（2）压缩行程　进气行程结束后，活塞在曲轴的带动下由下止点向上止点运动，此时进、排气门均关闭。随气缸容积减小，可燃混合气被压缩，其压力和温度不断升高，为燃烧做准备。压缩行程终了时，气体的压力为 0.85~2MPa，气体的温度为 600~800K，远高于汽油的点燃温度（约 263K），因而很容易点燃。

（3）工作行程　在压缩行程末期，活塞接近上止点，火花塞发出电火花点燃可燃混合气迅速燃烧，放出大量热量，气体压力和温度急剧升高，最高压力为 3~5MPa，最高温度为 2200~2800K。高温高压的工质膨胀，推动活塞下行，并通过连杆驱动曲轴转动对外做功，随着活塞下行，气缸内容积增大，气体的压力和温度下降。膨胀末期，气体的压力为 0.3~0.5MPa，温度为 1500~1700K。

（4）排气行程　在工作行程终了时，排气门开启，活塞在曲轴带动下由下止点向上止点运动。废气靠气缸内外的压力差和活塞的驱赶作用排出气缸。排气终了时，由于排气阻力的影响，缸内废气的压力为 105~125kPa，温度为 900~1200K。

2. 四冲程柴油机的工作原理

四冲程柴油机的工作过程与四冲程汽油机基本相同，每个工作循环也都是通过四个冲程完成的，如图 4-20 所示。但由于柴油与汽油性质不同，使混合气的行程和点火方式有很大差异。下面主要介绍柴油机相对于汽油机工作循环的不同之处。

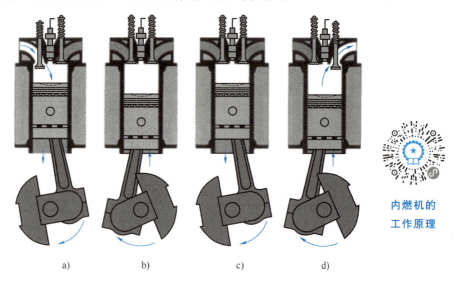

图 4-20　柴油机四冲程循环过程
a）进气行程　b）压缩行程　c）工作行程　d）排气行程

内燃机的工作原理

（1）进气行程　柴油机进气行程中进入气缸的是新鲜空气。由于进气阻力比汽油机小，上一循环残留的废气温度比较低,所以进气终了时,缸内气体压力为80~95kPa,温度为310~340K。

(2) 压缩行程　柴油机的压缩比大,压缩终了时,气缸内空气的压力和温度都比汽油机高,压力可达3~5MPa,温度达800~1000K,远高于柴油的自燃温度,约为5000K。

(3) 工作行程　在压缩行程末期,活塞接近上止点时,喷油器将燃油以良好的雾化状态喷入气缸,并与空气迅速混合,形成可燃混合气体后并点火燃烧,缸内气体的最高压力可达6~9MPa,最高温度可达1800~2200K。高温高压工质推动活塞下行做功。由于柴油机的压缩比大,膨胀过程充分,膨胀终了时缸内气体的压力和温度都低于汽油机,压力为0.2~0.4MPa,温度为1000~1400K。

(4) 排气行程　由于排气阻力的影响,在排气终了时,缸内废气压力为0.105~0.12MPa,温度为700~900K。

3. 二冲程汽油机的工作原理

二冲程汽油机的工作循环是在两个行程内,即曲轴旋转在一周中完成。图4-21所示为一种曲轴箱扫气的二冲程汽油机的工作原理。

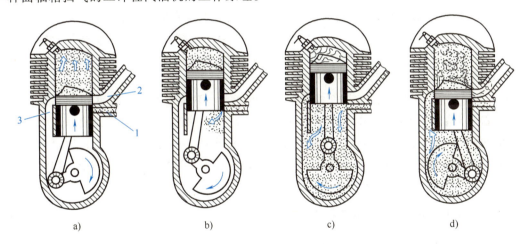

图4-21　一种曲轴箱扫气的二冲程汽油机的工作原理
a) 进气行程　b) 压缩行程　c) 工作行程　d) 排气行程
1—进气口　2—排气口　3—扫气口

这种汽油机的气缸上有3个气口,它们分别在一定的时刻被活塞所开闭。进气口1与化油器相连通,可燃混合气可经进气口1流入曲轴箱,经扫气口3进入气缸。废气由排气管连通的排气口2排出。

在第一行程中,活塞由下止点向上止点移动。在活塞上方,已进入气缸的混合气被压缩。同时在活塞的下方,由于曲轴箱容积增大,产生了真空度,当活塞上行到打开进气口1后,可燃混合气就从化油器进入曲轴箱。当活塞接近上止点时,电火花点燃混合气,燃气压力推动活塞向下,于是开始了第二个行程。在第二个行程中,活塞向下移动,活塞上方首先进行膨胀做功,同时活塞下方曲轴箱中的混合气则被预先压缩。当活塞下行到打开排气口2时,即开始排气,接着活塞又将扫气口3打开,曲轴箱中收到预压的混合气即由扫气口流入气缸,并将废气驱除。

用有压力的新鲜空气驱除气缸中的废气称为扫气。扫气时，新气体取代废气留在气缸中，从而完成气缸的换气。

4.3.6 内燃机的优缺点分析

作为一种常见的动力装置，内燃机具有以下优点。

1）热效率高。内燃机的热效率相对较高，尤其是柴油机。柴油机通常具有更高的压缩比和燃烧效率，因此其热效率可以达到较高水平（通常为30%~50%）。

2）功率范围广。内燃机具有较大的功率范围，从小功率应用，如小型发电机、汽车，到大功率应用，如船舶、发电站，内燃机都能满足需求，功率范围可达1~10000kW以上。

3）结构紧凑、比质量小。内燃机的结构相对紧凑，所需空间相对较小，能够在有限的空间内提供相对较大的功率。同时，内燃机的比质量相对较小，即单位功率所需的质量较轻。

同时，内燃机的缺点也很明显。

1）对燃料要求高。内燃机对燃料的要求较高，汽油机需要使用汽油，柴油机需要使用轻柴油。不同类型的内燃机对燃料的点燃特性、喷射方式等有不同的要求。

2）排放污染严重、噪声。内燃机在燃烧过程中会产生废气和噪声。废气排放中含有一些有害气体和颗粒物，对环境造成污染。噪声也是内燃机的一个问题，特别是高功率内燃机产生的噪声较大。

3）结构复杂、零部件加工精度要求高。内燃机的结构相对复杂，需要很多零部件协同工作。同时，内燃机的工作要求零部件的加工精度较高，对制造工艺和管理要求较为严格。

需要注意的是，内燃机的设计和制造技术在不断发展，一些缺点正在通过改进和创新逐渐克服。如通过优化燃烧过程和使用先进的排放控制技术，可以减少排放污染。同时，随着电动汽车等新能源技术的发展，对内燃机的需求可能会发生变化。

4.3.7 内燃机分布式供能系统

内燃机分布式供能系统是一种将内燃机与其他能源设备（如发电机、蓄电池组、逆变器等）结合起来，以满足特定需求的供能系统。它将内燃机放置在接近能量消耗点的位置，以便提供电力、热能或机械动力，其工作原理如下。

1）活塞式燃气内燃机将燃料和空气混合，在其气缸内燃烧，释放出的热能使气缸内产生高温高压的燃气，燃气膨胀推动活塞做功，再通过曲杆连杆机构或其他机构将机械功输出，驱动从动机械做功或利用发电装置发电，如图4-22所示的1—3过程。

2）做功后的烟气温度依然有400~

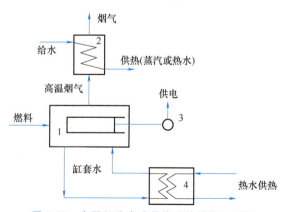

图4-22 内燃机分布式供能系统简化原理图

注：根据需要烟气回收余热与缸套水回收余热可以串联使用。

1—内燃机 2—烟气余热回收装置 3—发电机
4—热交换器

550℃，通过烟气余热回收装置（如余热锅炉、烟气型吸收式空调机组、烟气-水换热器等）对这部分高温烟气的热量进行进一步利用。引入进水后，还可以得到蒸汽和热水，用于供热。利用后的排烟温度一般为120℃以下。

3）内燃机的另一特点是会产生80~110℃的缸套冷却水，这一部分能量可以利用缸套水热交换器进行换热利用，可以得到热水，也可以用来为吸收式制冷设备提供冷冻水。

4）内燃机还有一部分产物是40~65℃的机油冷却水，但因品质太低，仅仅可以用于生活热水、泳池加热等低热场合的利用，热量可以利用板式热交换器获取。

如图4-23所示，内燃机分布式供能系统能量利用率分析如下。

1）燃气加热生成的热量仅有38%可用以机械功输出，而62%的热量以烟气、缸套水和机油冷却水的形式排出。如果没有后续的利用，将会造成很大的能量浪费。

2）输出的机械功，排除少量的发电机能量损失，大部分可转变为电能，总的发电率约为36.5%（一般情况）。

3）从一次排放的热量分析来看，缸套水和机油冷却水占得热量比重很大，甚至超过高温烟气，但其品质要远低于高温烟气，这也是采用内燃机的一个不利结果。

4）通过引入余热回收装置（余热锅炉、换热器等），可以很好地对余热进行利用；排除5%的辐射热损失和约7.5%的烟气余热损失，仍有占总量49.5%的热量可以进行余热回收（约占总余热的80%），这对能量利用率的提高具有十分重要的影响。

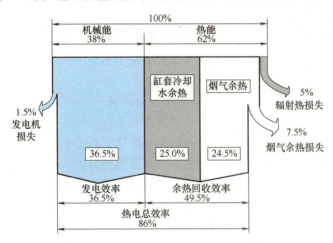

图4-23 内燃机分布式供能系统能量利用率分析图

如图4-24所示为内燃机分布式供能系统能量流向示意图。

下面对内燃机分布式供能系统进行供热、制冷运行工况分析。

1. 分析供热运行工况

（1）制热系数COP_h 制热系数是用来衡量热泵系统供热性能的一个重要指标，它表示单位电能或其他能源输入下热泵系统的制热量。制热系数可以表示为热泵的制热量与发动机向压缩机输出的功的比值，即

$$COP_h = \frac{热泵的制热量}{发动机向压缩机输出的功}$$

图 4-24 内燃机分布式供能系统能量流向示意图

Q_a—燃料燃烧产生的热量　W_b—向压缩机输出的功率　W_h—向发电机输出的功率　Q_y—发动机排出的余热　Q_e—蒸发器从冷源吸收的热量　Q_c—冷凝器向热源释放的热量　E_h—发电机的发电量　Q_{12}—发电机损失的热量　Q_w—余热回收的热量　Q_{11}—发动机最终排出的热量

（2）折算制热系数 COP_{hz}　折算制热系数对于热泵系统中利用余热回收的情况进行了考虑。除了制热量，热泵系统还可以利用其他热源（如内燃机的余热）作为补充热源。折算制热系数通过同时考虑制热量和余热回收的热量来评估系统的综合供热性能，其计算公式为

$$COP_{hz} = \frac{热泵的制热量 + 余热回收的热量}{发动机向压缩机输出的功}$$

2. 分析制冷运行工况

（1）制冷系数 COP_r　制冷系数是衡量热泵系统制冷性能的指标。它表示单位电能或其他能源输入下热泵系统的制冷量。制冷系数可以表示为热泵的制冷量与发动机向压缩机输出的功的比值，即

$$COP_r = \frac{热泵的制冷量}{发动机向压缩机输出的功}$$

（2）折算制冷系数 COP_{rz}　折算制冷系数是考虑热泵系统中利用余热回收的情况下的综合制冷性能指标。除了制冷量，热泵系统可以利用其他热源的余热进行补充制冷。折算制冷系数通过同时考虑制冷量和余热回收的热量来评估系统的整体制冷性能，其计算公式为

$$COP_{rz} = \frac{热泵的制冷量 + 余热回收的热量}{发动机向压缩机输出的功}$$

通过对供热工况和制冷工况的分析，可以评估热泵系统的供热和制冷性能，并比较不同系统的能效。这有助于优化系统设计、选择合适的能源和提高系统的能源利用效率。

3. 内燃机分布式供能系统的四个效率

内燃机分布式供能系统中的四个效率，即发动机效率、发动机与压缩机的传动效率、发电机效率和余热回收率。

（1）发动机效率　发动机效率是衡量内燃机能量转换效率的指标。发动机效率可以通过燃料消耗和输出功率之间的比值来计算，即

$$发动机效率 = \frac{输出功率}{燃料消耗} = \frac{W_h + W_b}{Q_a}$$

（2）发动机与压缩机的传动效率　在内燃机分布式供能系统中，发动机和压缩机之间通常需要通过传动装置进行能量传递，如传动带、齿轮传动或直接耦合。发动机与压缩机的

传动效率是衡量能量传递的效率指标，其计算公式为

$$传动效率 = \frac{输出功率}{输入功率} = \frac{N_b(压缩机的输入功率)}{W_b}$$

（3）发电机效率　发电机效率是衡量发电机能量转换效率的指标。发电机效率可以通过电功率输出与发电机输入功率的比值来计算，即

$$发电机效率 = \frac{输出电功率}{输入发电机的功率} = \frac{E_h}{W_h}$$

（4）余热回收率　余热回收率是指从内燃机废热中回收利用的能量占总废热能量的比例。余热回收率是评估系统能量利用的重要指标，其计算公式为

$$余热回收率 = \frac{回收的热量}{总废热量} = \frac{Q_w}{Q_y}$$

4.3.8　燃气轮机系统与内燃机系统的比较

目前冷热电联产系统主要使用燃气轮机和内燃机，不同功率要求下，两种动力系统的使用规模大不相同。对于 1 MW 以下的冷热电联产系统，内燃机占据了绝对主导地位，这是由于此容量范围内的燃气轮机发电效率通常较低，节能和经济效益不明显。对于 1～5MW 的冷热电联产系统，燃气轮机数量大约为内燃机的一半。对于 5～10MW 及以上的冷热电联产系统，燃气轮机占据了主导地位，这是因为此范围内燃气轮机一次发电效率通常已在 30% 以上，如果进一步采用联合循环，整个系统的发电效率、调节灵活性和经济效益都将大大提高。

两者相比，内燃机发电效率高，供热比大，部分负荷性能好。因此，若对电力需求较大或经常处在低负荷运行时，应优先采用内燃机。但燃气轮机排气温度高，流量更大，因此若用户对热追求高且要求更高时，应优先采用燃气轮机。通常，内燃机在容量较小的机组中应用广泛；而对于容量大的机组，燃气轮机更有优势。

表 4-2 为美国不同规模建筑冷热电联产系统内燃机与燃气轮机的装机情况比较。

表 4-2　美国不同规模建筑冷热电联产系统内燃机与燃气轮机的装机情况比较

功率/MW	内燃机		燃气轮机	
	数量/台	平均功率/MW	数量/台	平均功率/MW
0~1	662	0.14	20	0.77
1~5	83	2.19	42	2.81
5~10	16	5.99	16(3)	6.09(7.4)
10~15	7	12.37	11	12.67

4.4　燃料电池

4.4.1　燃料电池概述

燃料电池（Fuel Cell）是将燃料与氧化剂的化学能通过电化学反应直接转换成电能的发

电装置。其特点是能量转换效率高、环境污染小，是可以替代内燃机的动力装置。

燃料电池理论上可在接近 100%的热效率下运行。燃料电池是一种电化学的发电装置，等温地按电化学方式直接将化学能转化为电能而不必经过热机过程，不受卡诺循环限制，因而能量转化效率高，且无噪声、无污染，正在成为理想的能源利用方式。实际运行的各种燃料电池，由于种种技术因素的限制，再考虑整个装置系统的耗能，单独发电效率可达 50%。如果和燃气轮机或蒸汽轮机联合循环，发电效率可达 60%。进一步利用热能，综合热效率可达 80%以上。

燃料电池一般使用的燃料有氢气、甲醇、煤气、沼气、天然气、轻油、柴油等。

4.4.2 燃料电池的结构

燃料电池主要由电极、电解质及隔膜、双极板和周边系统构成，如图 4-35 所示。

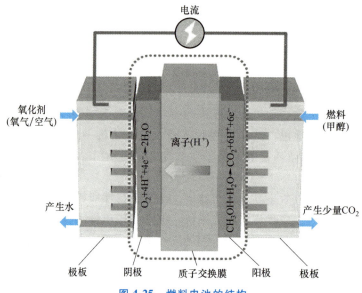

图 4-25 燃料电池的结构

1. 电极

电极是燃料氧化和氧化剂还原的场所，通常厚 0.2~0.5mm，分两层。一层是支撑层，多采用多孔材料设备而非简单的固体电极，作用是支撑催化剂层、收集电流与反应物质。另一层是催化剂层，厚度很小。低温时电极反应很低，因此其催化活性尤为重要。此外，还要求电极导电性好、耐高温和耐腐蚀。燃料电池中的反应发生在电极表面，严格来说是电极、气体和电解质组成的三相界面。

2. 电解质及隔膜

电解质及隔膜的主要作用是提供电极反应所需的离子、导电及隔离两级的反应物质。燃料电池的电解质较为特殊，要么本身没有流动性，要么被固定在多孔的基质中，有多种分类，如聚合物电解质膜（PEM）、氧化物电解质膜（SOFC）、碱性电解质膜（AEM）、固体氧化物燃料电池电解质陶瓷等。

3. 双极板

阴极、阳极和电解质构成一单个燃料电池，工作电压约为 0.7V。为了获得实际需要的电压,需将多个燃料电池连接成组成堆,两个相邻的燃料电池便通过一个双极板连接起来。双极板起到收集燃料电池产生的电流、向电极供应反应气体、阻止两级之间反应物质的渗透,以及支撑加固燃料电池的作用。

4. 周边系统

燃料电池的核心为电极、电解质和双极板。但在整个分布式系统流程中,数量更多、体积更大的却是周边系统。

周边系统的种类、规模和数量与燃料电池的种类和所用燃料有关。供气子系统可能有燃料储存装置、重整装置、气体净化装置、气体压力调节装置、空气压缩机、气泵等。电力调节子系统可能有 DC-AC 转换器、电动机等。冷却系统主要是换热器,此外还有各种控制阀。

4.4.3 燃料电池的工作原理

燃料电池的工作过程大致可分为燃料输入、氧气输入、电解质传导、电化学反应、电子流动和离子交换等。整个过程没有动力机械的参与,完成的是化学能到电能的转换。燃料电池将燃料和氧气的化学能直接转化为电能,同时产生的副产物是水和热,其工作原理如图 4-26 所示。不同类型的燃料电池使用不同的燃料和氧化剂,以及特定的电解质,但其基本工作原理都是类似的。

燃料电池的电化学反应过程如图 4-27 所示。在原电池中,阳极是正极,而阴极是负极。这是因为在原电池中,电流流动的方向是由正极(阳极)流向负极(阴极)。在阳极(正极)发生氧化反应,燃料(还原剂)被氧化并释放电子。这些释放的电子通过外部电路流动到阴极(负极);在阴极(负极)发生还原反应,氧化剂接收来自阳极的电子,并与阳极处的还原剂反应。因此,对于外部电路而言,阳极是负极(电动势较低的电极),而阴极是正极(电动势较高的电极)。

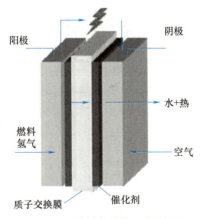

图 4-26 燃料电池的工作原理

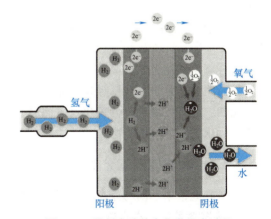

图 4-27 燃料电池的电化学反应过程

燃料电池与常规电池不同,它的燃料和氧化剂不是储存在电池内,而是需要不断地向电池内输入燃料和氧化剂,同时排除反应产物。燃料与氧化物都是流体,常用的燃料是氢气、重整气、净化煤气及部分溶液(甲醇水溶液);氧化剂常用氧气、空气等。氢气是燃料电池的首选燃料,氢气的化学反应活性高,且产物为水,可以实现零排放。可用甲烷、甲醇、乙醇和汽油等作为原料制备氢气。在可利用的氢源中,天然气因其储量丰富、洁净无污染、转化制氢过程简单易行受到普遍关注。天然气的转化制氢工艺，通常有水蒸气法和部分氧化法。

（1）水蒸气法　将天然气或液化石油气与水蒸气在催化剂的作用下进行反应，产生一氧化碳和氢气。随后，通过水气转移反应将一氧化碳转化为二氧化碳，得到纯净的氢气。

1）蒸汽产生。首先，将水加热至高温，形成水蒸气。这可以通过加热水或使用蒸汽发生器实现。

2）重整反应。将水蒸气与碳氢化合物（如天然气、液化石油气等）进行反应。通常使用镍基催化剂作为催化剂，在高温和高压条件下进行重整反应。在反应过程中，碳氢化合物与水蒸气发生化学反应，生成一氧化碳和氢气。

3）水气转移反应。由于一氧化碳对于许多应用来说是有毒的，需要进一步将其转化为二氧化碳。这可以通过水气转移反应实现，将一氧化碳与水蒸气反应，生成二氧化碳和更多的氢气。

4）纯化。最后，通过一系列纯化步骤，如压缩、冷却和吸附等，去除杂质，得到纯净的氢气。

水蒸气法制备氢气具有一定的优点，如原料易得、反应条件相对较温和、产氢效率较高等。然而，需要注意的是，在实际操作中需要注意安全性和环境保护，以确保制备过程的可靠性和可持续性。

（2）部分氧化法　部分氧化法也称为部分氧化反应（Partial Oxidation）。该方法通过以下步骤制备氢气。

1）反应物混合。将氧气和碳氢化合物（如天然气、煤气等）混合在一起。

2）部分氧化反应。在高温和高压条件下，将混合物进行部分氧化反应。通常使用铬、镍或钼等金属作为催化剂，在反应过程中氧气与碳氢化合物发生化学反应，生成一氧化碳和氢气。

3）纯化。最后，通过一系列纯化步骤，如压缩、冷却和吸附等，去除杂质，得到纯净的氢气。

部分氧化法制备氢气具有一定的优点，如原料易得、反应速度快、产氢效率高等。然而，需要注意的是，在实际操作中需要注意安全性和环境保护，以确保制备过程的可靠性和可持续性。此外，由于部分氧化反应同时会产生一氧化碳等有毒气体，需要进行有效的废气处理，以减少对环境的影响。

4.4.4　燃料电池的分类

燃料电池根据不同的分类方式可有多种类型。

1. 按燃料供应方式分类

燃料电池按燃料供应方式可分为直接和间接供燃料两种。直接燃料供应型燃料电池是指使用氢气或液态燃料直接作为燃料供应给燃料电池。这种燃料电池不需要通过中间媒介转换，能够直接将燃料与氧气反应产生电能和水。如常见的氢供应型燃料电池。间接燃料供应型燃料电池是指通过化学反应将固体或液态燃料转化为氢气作为燃料供应给燃料电池。这种燃料电池需要将燃料先转化成氢气，再与氧气反应产生电能和水。如甲醇重整燃料电池（RMFC）使用甲醇作为燃料，将其通过化学反应转化为氢气，再供应给燃料电池，即通过重整装置先将该物质从其他形式燃料中分离出来。

2. 按电解质分类

（1）碱性燃料电池　碱性燃料电池（Alkaline Fuel Cell，AFC）利用氢气和氧气的化学反应产生电能。在阳极（负极），氢气（H_2）通过催化剂分解成质子（H^+）和电子（e^-）。质子穿过碱性电解质，而电子则通过外部电路流动产生电能。在阴极（正极），氧气（O_2）与质子和电子结合形成水（H_2O）。其电解质是 KOH 溶液，燃料是纯氢气，氧化剂是纯氧。其工作浓度受温度变化影响很大，若与二氧化碳反应生成碳酸钾，溶解度较低，易使被吸附的石棉基质堵塞，因此反应气体的二氧化碳需要去除，主要应用于航天领域。

（2）质子交换膜燃料电池　质子交换膜燃料电池（Proton Exchange Membrane Fuel Cell，PEMFC）基于氢气和氧气的电化学反应。在阳极（负极），氢气（H_2）通过催化剂分解成质子（H^+）和电子（e^-）。质子穿过质子交换膜，其电解质是固态聚合物膜（全氟磺酸膜），允许质子通过，而电子则通过外部电路流动产生电能。在阴极（正极），氧气（O_2）与质子和电子结合形成水（H_2O）。

（3）磷酸燃料电池　磷酸燃料电池（Phosphoric Acid Fuel Cell，PAFC）利用氢气和氧气的化学反应产生电能。在阳极（负极），氢气（H_2）通过催化剂分解成质子（H^+）和电子（e^-）。质子穿过磷酸质子交换膜，而电子则通过外部电路流动产生电能。在阴极（正极），氧气（O_2）与质子和电子结合形成水（H_2O）。磷酸作为电解质在整个反应过程中起到导电和质子传输的作用。

（4）熔融碳酸盐燃料电池　熔融碳酸盐燃料电池（Molten Carbonate Fuel Cell，MCFC）利用氢气和氧气的化学反应产生电能。在阳极（负极），氢气（H_2）通过催化剂分解成质子（H^+）和电子（e^-）。质子穿过熔融碳酸盐电解质，其电解质是混合碳酸盐（盐一般指锂、钠、钾），基质为 $LiAlO_2$ 陶瓷，导电的离子是碳酸根离子，而电子则通过外部电路流动，产生电能。在阴极（正极），氧气（O_2）与质子和电子结合形成水（H_2O）。熔融碳酸盐作为电解质在整个反应过程中起到导电和质子传输的作用。

（5）固体氧化物燃料电池　固体氧化物燃料电池（Solid Oxide Fuel Cell，SOFC）的核心是固体氧化物电解质，通常采用氧化锆（ZrO_2）或氧化钇稳定氧化锆（YSZ）等材料。在高温下，电解质中的氧离子（O^{2-}）可以通过传导性质移动到阴极侧，与燃料气体中的氢气（H_2）或一氧化碳（CO）发生氧化反应，产生水蒸气（H_2O）或二氧化碳（CO_2），同时释放出电子。这些电子通过外部电路流动产生电能。其电解质是多孔金属氧化物（氧化钇稳定氧化锆膜），导电离子是氧离子。

固体氧化物燃料电池是一种理想的燃料电池，不但具有其他燃料电池高效、环境友好的优点，而且固体氧化物燃料电池是全固体结构，不存在使用液体电解质带来的腐蚀问题和电解质流失问题，有望实现长寿命运行。固体氧化物燃料电池的工作温度为 800~1000℃，不但电催化剂不需要采用贵金属，而且还可以直接采用天然气、煤气和碳氢化合物作为燃料，简化了燃料电池系统。固体氧化物燃料电池排出的高温余热可以与燃气轮机或蒸汽轮机组成联合循环，大幅度提高总发电效率。

固体氧化物燃料电池技术的难点在于它是在高温下连续工作，电池的关键部件（阳极、隔膜、阴极和联机材料等）必须具备化学与热的相容性。即在电池的工作条件下，电池构成材料间不但不会发生化学反应,而且热膨胀系数也应相互匹配。

(6)直接甲醇燃料电池 直接甲醇燃料电池(Direct Methanol Fuel Cell,DMFC)的电解质是甲醇,是由 PEMFC 发展而来的一种电池。与传统的燃料电池不同,DMFC 可以直接使用液态甲醇作为燃料,而无须将其转化为氢气。

DMFC 的工作原理如图 4-28 所示。氧气和甲醇进入电池,氧气从正极进入电池,甲醇从负极进入电池。在负极处,甲醇发生氧化反应,生成二氧化碳、水和电子。电子从负极流向正极,在外部电路中产生电流。在正极处,氧气与电子结合发生还原反应,生成水。电子流回负极,形成完整的电路,同时收集电能。

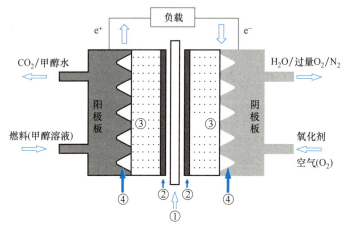

图 4-28 直接甲醇燃料电池工作原理图

直接甲醇燃料电池具有许多优点,如高效率、低噪声、无污染等。此外,DMFC 使用液态甲醇作为燃料,储存和运输方便,也可以减少氢气的安全问题。然而,DMFC 也存在一些技术上的挑战,如甲醇的低能量密度、电极中甲醇的渗漏等问题,这些问题需要进一步研究和解决。

3. 按电池温度分类

(1)高温燃料电池 高温燃料电池(High-Temperature Fuel Cells,HTFC)的工作温度通常在 800℃ 以上。常见的高温燃料电池包括固体氧化物燃料电池和熔融碳酸盐燃料电池。高温燃料电池具有高效率、较高的燃料灵活性和抗污染能力强等优点,但需要较长的启动时间和复杂的热管理系统。

(2)中温燃料电池 中温燃料电池(Intermediate-Temperature Fuel Cells,ITFC)的工作温度通常在 200~400℃ 之间。常见的中温燃料电池包括磷酸燃料电池和碱性燃料电池。中温燃料电池具有较高的电化学反应速率和较低的操作温度,但对燃料纯度要求较高。

(3)低温燃料电池 低温燃料电池(Low-Temperature Fuel Cells,LTFC)的工作温度通常在 80~200℃ 之间。常见的低温燃料电池包括质子交换膜燃料电池和直接甲醇燃料电池。低温燃料电池具有快速启动、高能量密度和较小体积等优点,但对催化剂和膜材料的要求较高。

4.4.5 燃料电池的优缺点

燃料电池作为一种新兴能源技术,具有许多优点。

1) 高效能源转换。燃料电池的能量转换效率较高，通常可以达 40%~60%，甚至更高。相比之下，传统内燃机的能量转换效率仅为 20%~30%。这意味着燃料电池可以更有效地将燃料的化学能转化为电能，减少能源浪费。

2) 低排放和环保。燃料电池使用氢气或其他可再生燃料进行反应，产生的主要排放物是水和少量的热量。相比之下，传统燃烧过程会产生大量的二氧化碳、氮氧化物和颗粒物等有害气体和污染物。因此，燃料电池是一种清洁的能源转换技术，对环境友好。

3) 燃料灵活性。燃料电池可以使用多种不同的燃料，如氢气、甲醇、乙醇等。这些燃料可以从多种来源获取，包括化石燃料、可再生能源和生物质等。燃料灵活性使得燃料电池在能源供应方面更加灵活和可持续。

4) 静音运行。与传统的内燃机相比，燃料电池的工作过程几乎没有噪声。这使得燃料电池适用于需要低噪声环境的应用领域，如住宅区、办公室和移动设备等。

5) 长时间运行。燃料电池可以连续稳定地产生电能，不受充电时间和储能容量的限制。相比之下，电池存储系统需要周期性的充电和放电，而燃料电池可以提供持续的电力输出。

6) 可调节功率输出。燃料电池的功率输出可以根据需求进行调节。通过增加或减少燃料供应，可以灵活地控制燃料电池的输出功率，以适应不同的应用需求。

同时，燃料电池的发展面对许多挑战。

1) 高成本。目前，燃料电池的制造成本相对较高。这主要是由于材料成本高、制造工艺复杂以及规模效应不足等因素导致的。高成本限制了燃料电池的大规模商业化应用，并且需要进一步的技术改进和成本降低才能实现广泛应用。

2) 氢气储存和供应链问题。燃料电池最常用的燃料是氢气，但氢气的储存和供应链仍然是一个挑战。氢气具有低密度和高易燃性的特点，需要采取适当的储存和运输措施。此外，氢气的生产和供应链也需要建设和发展，以确保可靠的氢气供应。

3) 能量密度较低。与传统的燃油相比，燃料电池的能量密度较低。这意味着在相同体积或质量下，燃料电池所提供的能量相对较少。对于某些领域而言，如航空和长途交通等，这可能会限制燃料电池的使用。

4) 催化剂和膜材料耐久性。燃料电池中的催化剂和膜材料对于其性能和寿命至关重要。催化剂的高成本、稳定性和耐久性仍然是一个挑战。此外，燃料电池中的膜材料也需要具备较高的导电性、耐化学腐蚀性和耐久性，以确保长期可靠的运行。

5) 燃料基础设施建设。燃料电池的商业化应用需要建设相应的燃料基础设施，包括氢气生产、储存、供应和加注站等。目前，这些基础设施的建设还相对有限，需要大规模投资和政策支持来推动其发展。

4.4.6 燃料电池的应用

燃料电池具有广阔的应用领域，如交通运输、电力供应、移动设备、房屋建筑、航空航天等，如图 4-29 所示。

1. 燃料电池汽车

燃料电池汽车是使用燃料电池作为动力源的汽车。它与传统的燃油汽车相比，采用了更环保和高效的能源转换方式。燃料电池汽车的工作原理是将氢气与氧气反应生成水，并产生

分布式能源

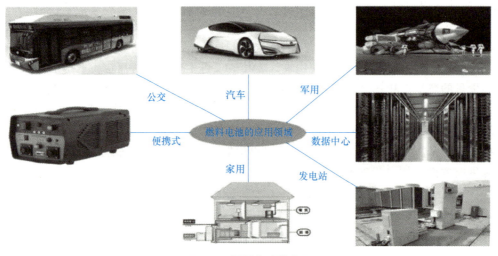

图 4-29　燃料电池的应用

电能驱动电动机,如图 4-30 所示。具体来说,燃料电池汽车使用燃料电池堆将氢气与氧气(通常从空气中获取)经过电化学反应转化为电能。这些电能驱动电动机,从而实现车辆的运行。

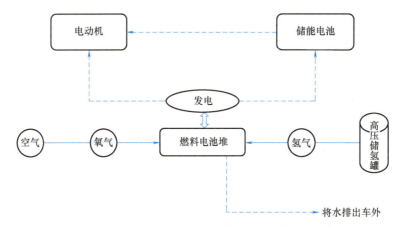

图 4-30　燃料电池汽车的工作原理

一个燃料电池系统以燃料电池堆为核心,还包括燃料和氧化剂供应分系统、生成物和水管理分系统,热量管理分系统和功率调节(输出直流电升压、稳压)子系统。每个子系统都要围绕电池堆特性综合成一个完整的系统而设计,追求这些子系统的最佳集成是制造合理性价比的燃料电池的关键。

2. 燃料电池的冷热电联产系统

发电系统的余热根据余热品质不同还需利用,可构建余热利用的燃料电池分布式能源系统或联合循环发电系统。其中余热来源有燃料重整系统的排热、重整过程未反应燃料、电池排气的显热、电池排出的未反应氢。对于中低温燃料电池,可以用内循环水或气液双层流等方法回收热量,此外,从燃料电池处理装置生成的反应气和排气中也可以进行余热回收。

以图 4-31 所示的燃料电池和汽轮机联合循环系统为例。燃料电池工作完成后,发出部分电力。残余气体在预热器中预热燃料和空气后，进入后燃室燃烧，再次升温至800℃的烟气。在蒸发器中，烟气把蒸汽温度提升到550℃，用于驱动蒸汽机的涡轮。涡轮一部分驱动发电机发电，一部分用于驱动压缩机，把燃料和空气压缩进燃料电池组，进行下一次的循环。交换完热量的烟气温度约120℃，用于本地供热。

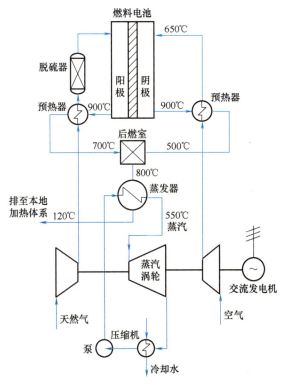

图 4-31 燃料电池和汽轮机联合循环系统

4.5 斯 特 林 机

4.5.1 斯特林机概述

斯特林机是外燃机的一种，属于闭式循环往复式热力发动机，其热力学循环称为斯特林循环，即概括性卡诺循环，所以理论上其效率最高。斯特林机是通过气体受热膨胀、遇冷压缩产生动力。斯特林机主要由有活塞的气缸（冷热）、加热器、冷却器和回热器组成。

4.5.2 斯特林机的工作原理及理想循环

斯特林机的工作原理：在热气机封闭的气缸内充有一定容积的工质，气缸一端是热腔，一端是冷腔；工质在低温冷腔中压缩，然后流到高温热腔中，燃料在气缸外连续燃烧，通过加热器把热量传给工质，工质受热膨胀后推动活塞做功，使斯特林机对外输出。每一个循环依次经历压缩、吸热（回热）、膨胀、冷却（储热）四个过程。

理想循环是概括性卡诺循环，可以从工质所经历的压缩、吸热（回热）、膨胀、冷却

(储热)四个过程出发,其循环过程为等温压缩、定容冷却、等温膨胀、定容吸热。

1)等温压缩(Isothermal Compression)。如图 4-32 中过程 1,工质与高温热源断开接触,但仍然与低温热源保持接触,体积减小,使得工质放出一部分能量,并且压力增加。

2)定容冷却(Isochoric Cooling)。如图 4-32 中过程 2,工质与低温热源断开接触,体积保持不变,使其与低温热源之间没有热交换。这导致工质的压力降低,同时内能也减少。

3)等温膨胀(Isothermal Expansion)。如图 4-32 中过程 3,工质与高温热源接触,通过膨胀来做功。在等温条件下,温度保持不变,体积增加,同时内能保持不变。

4)定容吸热(Isochoric Heating)。如图 4-32 中过程 4,工质与热源接触,体积保持不变,以恒定的高温吸收热量,从而使其内能增加。

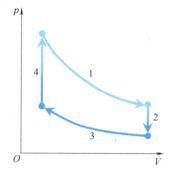

图 4-32 斯特林循环的 p-V 图

斯特林机的工质封在气缸内部,不参与燃烧,整个斯特林机对燃料的适应性强、排放少、噪声也较低,可用氦气、氮气等惰性气体或空气作为工质。因为工质受冷受热都做功,所以斯特林机的理论效率比内燃机高。

图 4-33 为配气活塞式斯特林机。配气活塞式斯特林机的工作原理:气体在热置换气缸内,受移气器的推动,在冷端和热端来回流动;空气流动到热端时,受热膨胀,推动动力活塞向外运动;空气流动到冷端时,受冷收缩,吸引动力活塞向内运动;动力活塞就向外输出了动力,带动曲轴转动。

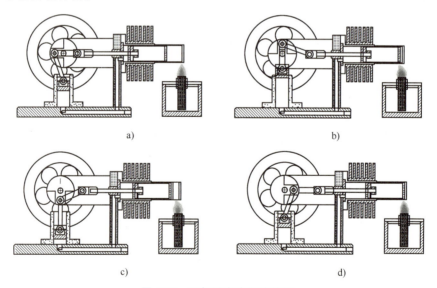

图 4-33 配气活塞式斯特林机

4.5.3 斯特林机的结构和分类

斯特林机主要由压缩腔、加热器、回热器、冷却器和膨胀腔组成。根据工作空间和回热器的配置方式,以气缸数与动力活塞及移气器的排列构型来区别,可以分为 α、β、γ 三种基本类型。

(1) α 型斯特林机　α 型斯特林机又称双气缸型（Twin-Cylinder Stirling Engine）发动机，无移气器，但具有两个动力活塞，分别在两个独立的气缸内做功；结构最简单，加热器、回热器、冷却器两侧配备了热活塞和冷活塞，热活塞负责工质膨胀，冷活塞负责工质压缩，当工质全部进入其中一个气缸时，一个活塞固定，另一个活塞压缩或膨胀工质。如图 4-34a 所示。

(2) β 型斯特林机　β 型斯特林机又称同轴型活塞型（Coaxial Piston-Displacer Stirling Engine）发动机，在同一个气缸中配备了配气活塞和动力活塞，配气活塞负责驱动工质在加热器、回热器和冷却器之间流通；动力活塞负责工质的压缩和膨胀，当工质在冷区时压缩工质，当工质在热区时使工质膨胀，如图 4-34b 所示。

(3) γ 型斯特林机　γ 型斯特林机具有两个独立气缸，其中一个气缸内设置了动力活塞，另一个气缸则设置了配气活塞，配气活塞同样负责驱动工质流通，动力活塞单独完成工质的压缩和膨胀工作。理论上 γ 型双作用的斯特林机具有最高的机械效率，并且有很好的自增压效果，如图 4-34c 所示。

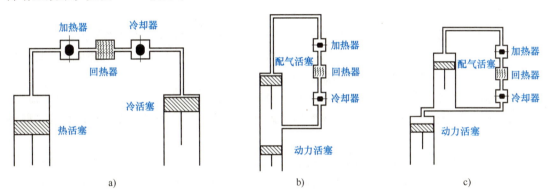

图 4-34　三种类型的斯特林机
a) α 型斯特林机　b) β 型斯特林机　c) γ 型斯特林机

斯特林机按完成工作循环活塞所起的作用可以分为以下形式。

(1) 单作用式　冷（热）腔中的活塞只起冷（热）活塞的作用。

1) 双活塞式。活塞分别置于两个气缸，称 V 形或对置、并列，都能传递动力。

2) 配气活塞式。热活塞只起配气作用，不传递动力。两活塞可同置或不同置于同一气缸。

(2) 双作用式　气缸中的活塞既起热活塞又起冷活塞的作用，这种双作用结构只有在多缸机上才可以实现。每个气缸内只有一个活塞，活塞的一端为冷腔，另一端为热腔，它们分别与相邻气缸的热/冷腔连通，中间有加热器、回热器和冷却器，组成一个完整的回路。这种类型的斯特林机结构紧凑，单位质量的功率可比其他类型有显著提高。

4.5.4　斯特林机的优缺点

1. 斯特林机的优点

相比其他热力机械装置（如蒸汽机），斯特林机具有以下几个明显的优点。

1) 效率高。理想循环是概括性卡诺循环，实际部分负荷下运行仍可达到 35% 的发电效率。在气缸外的燃烧室内燃烧,且扫气容积功率比活塞式内燃机高。

2)燃料多样性。斯特林机适应性强,可用燃料丰富,甚至可以是放射性燃料,还可回收各种分散或低品位的热能。斯特林机换用不同燃料时,只需要根据燃料特性对燃烧器进行改造,其余部分不需要做任何改动。

3)噪声小。工质压力变化较为平稳,一般压比为2左右,也不存在爆燃问题,从而实现了平稳、低噪声运行。

4)污染物排放少。燃烧过程是在过量空气下连续运行的,燃烧充分,废气中污染气体很低,再经过燃气或排气的再循环,有害气体可以进一步降低。

5)结构简单,维护方便。斯特林机比内燃机要少40%~50%的零部件,运动部件少,维护方便。如自由活塞式斯特林机只有三大部件,即全封闭的气缸和两个活塞,无复杂的传动机构,也无工质的密封问题,具有很高的机械效率和可靠性。

6)运行特性好。小的压比使斯特林机转矩平稳,四缸斯特林机的转矩不均匀度一般为0.05~0.09,转速变化范围大,超负荷50%仍可运行正常,多在恶劣条件下使用。

2. 斯特林机的缺点

1)低功率密度。相对于内燃机和涡轮机等传统热机,斯特林机的功率密度较低。这意味着在相同体积或质量下,斯特林机所提供的功率相对较少,从而限制了斯特林机在某些领域中的使用,特别是对于需要高功率输出的场景。

2)较低的效率。尽管斯特林机的理论效率可以很高,但实际上,由于各种能量损失,其实际效率通常较低。如热传导、气体摩擦和内部泄漏等会导致能量损失,从而降低了斯特林机的效率。

3)启动时间较长。相对于内燃机等热机,斯特林机的启动时间较长。这是因为斯特林机需要在工作气体达到稳定工作温度之前进行预热。这使得斯特林机不太适用某些需要快速启动的应用。

4)复杂的设计和制造。斯特林机的设计和制造相对复杂,涉及高温热源、低温冷源、气体循环系统和密封等方面的技术挑战,增加了斯特林机的制造成本和维护难度。

5)对温差要求较高。为了实现较高的效率和功率输出,斯特林机需要较大的温差,即热源和冷源之间的温差。这对于某些应用来说可能是一个挑战,特别是在温差较小或变化较慢的环境中。

4.5.5 斯特林机分布式能源系统

斯特林机分布式能源系统符合能源利用的"温度对口,梯级利用"原则,可显著地提高终端能源效率,因此越来越受到重视。

1. 斯特林机分布式能源系统的特点

1)较高的能源利用率。使用现代斯特林机的分布式能源系统可以将用户端的利用效率提高到80%~85%,若系统在冷凝模式下运行,充分利用烟气中水蒸气的气化潜热,热效率可达95%以上。

2)维护简单方便。斯特林机结构简单,无须维护保养且能保证长期运行。

3)系统相对简单。斯特林机与相同功率的微型燃气轮机相比,体积更小,辅助设备少,备件也比燃气轮机系统的要少。

4）余热回收容易。斯特林机分布式能源系统的余热回收相对较为简单容易，包括烟气的余热回收、斯特林机本体冷端排出的循环废热的回收利用。

5）综合经济效益好。采用斯特林机作为核心的分布式能源系统，可以灵活地根据市场的情况选择燃料，而斯特林机无须做大的改动，从而保证了分布式能源系统具有较好的综合经济效益。

6）斯特林机分布式能源系统由于工作原理的限制，机组的出水温度没有燃气轮机和内燃机高，供热量小，在一定程度上限制了它的应用范围，仅适合用于采暖、生活热水等场合。在制冷方面，必须辅助以补燃锅炉等其他设备。斯特林机的另一个优势是余热回收，不需要任何介质或热能转换装置，直接将热腔伸入热源中，将余热转换成高价值的电能，如在炼油厂、化工厂、焦化厂、冶炼厂等，均可使用。

2. 斯特林机分布式能源系统的工艺

斯特林机分布式能源系统主要由电能转换装置（斯特林机组）、热回收利用系统、控制系统和排烟系统等组成。

由于斯特林机的余热品位低，分布式能源系统中的制冷问题就成了关键，因此根据用户的负荷特点选择合适的制冷机组就成为斯特林机分布式能源系统首先要考虑的问题。根据目前比较成熟的制冷技术，小型斯特林机分布式能源系统方案主要有两大类：一类为斯特林组合热能驱动的制冷机；另一类为斯特林组合压缩式制冷机。

（1）烟气型溴化锂制冷分布式能源系统 双效溴化锂吸收式冷（热）水机组是以发电机组等外部装置排放的高温烟气为主要驱动热源，以溴化锂水溶液为吸收剂、水作为制冷剂，制取空气调节用冷、热水的空调机组，包括烟气型和烟气热水型两大系列。在采用斯特林机与双效溴化锂制冷机组组成的分布式能源系统中，斯特林机发电后的排烟余热直接供给溴化锂机组制冷或供暖，如图 4-35 所示。

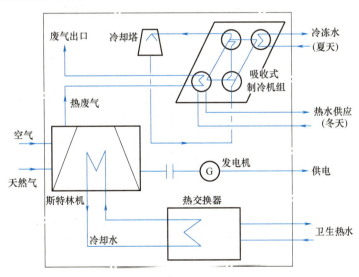

图 4-35　烟气型溴化锂制冷分布式能源系统

（2）余热补燃溴化锂制冷分布式能源系统 为了弥补烟气余热不足的缺点，可采用烟气补燃方法，在斯特林机排烟中再投入部分燃料和空气，增加烟气的流量和温度，以提高溴

分布式能源

化锂机组的输出功率,或采用余热锅炉对原系统进行能量补充。该方案的优点是能源利用率高,补燃系统可使冬夏负荷平衡,调控方便,如图 4-36 所示。

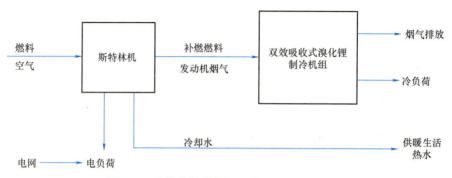

图 4-36 余热补燃溴化锂制冷分布式能源系统

(3) 压缩式热泵制冷分布式能源系统 在斯特林机分布式能源系统中,斯特林机的冷却水温度不高,余热利用较难。如果提高冷却水的出口温度,会影响热机的性能。而水源热泵需要解决大量低温热源的问题,如果在冬季把斯特林机的冷却水作为水源热泵的低温热源,既可以降低斯特林机冷却水的温度,提高发电效率,又解决了水源热泵的水源问题。由于斯特林机冷却水温度恒定,使水源热泵工作在有利状态,可提高供暖温度,增加舒适性。夏季运行时,斯特林机出来的低温冷却水进入热泵,作为热泵的冷却水,从热泵出来的高温热水可以提供给用户使用。水源、空气源热泵需要消耗电,这对电负荷有剩余的场合可以方便地实现以热定电。

(4) 湿能空调制冷分布式能源系统 湿能空调是一种新兴的绿色环保空调。它采用对空气除湿降温的方式提供冷负荷,与压缩式热泵制冷分布式能源系统相比,能直接利用斯特林机产生的低温热水来再生溶液。同时,湿能空调具有独立的热湿处理功能,能提高空调的舒适性,产生的热水用不完时,可以用来干燥除湿剂,实现蓄能功能。

尽管斯特林机分布式能源系统具有许多优点,但也存在一些挑战。如斯特林机的制造和安装成本较高,可能需要更大的安装空间,并且在启动和停止过程中需要一定的时间。此外,斯特林机的功率密度相对较低,可能适用于一些中小功率需求的应用。因此,在具体应用场景中需综合考虑斯特林机的优点和限制,评估其适用性和经济性。

拓 展 阅 读

"我们的两大目的,一个是解决国家的能源安全问题,另一个是提高我们国家空气的洁净度,解决环境问题。所以现在,我们要想做到碳中和,减少二氧化碳排放,一定要发展氢能,发展可再生能源。在关键时刻要有新技术出现。要勇敢地采用新技术。遇到新问题,不要觉得过去没接触就害怕,应该有一种敢碰硬的精神把它啃下来。"衣宝廉院士在《我是科学人》栏目专访时说道。

如图 4-37 所示为张家口崇礼区太子城的氢氧燃料电池公交车。2022 年北京冬季奥运会期间,有 51 个竞技项目在这里展开,数十万人汇聚在这里。这些承担着 2022 年北京冬季奥运会赛区交通运行的车辆,尽管看上去和普通公交车一样,但它们却不用加油、不排尾气、几乎没有噪声,实现了无污染、零排放。

图 4-37　氢氧燃料电池公交车

衣宝廉院士曾说,科研就像爬楼梯一样,得静下心来,一级一级台阶往上走。眼前的"卡脖子"难题,他坚信再用 4~5 年时间,一定会迎来转机。"我这一生都贡献给氢能和燃料电池了,就希望看到氢能在我们国家能源当中能起到一定的作用。"大力发展可再生能源,如今不仅是中国的目标,更是全世界的目标。而对于衣宝廉院士来说,开拓燃料电池这条新能源之路,他一走就是 60 多年。不论周围环境如何改变,团队人员如何更换,他都始终坚定不移。

第5章

制冷机与热泵

5.1 制冷机与热泵概述

5.1.1 制冷机与热泵的概念

本质上,制冷机与热泵的工作原理相似,都是通过消耗机械能、热能等外部能量,将热能由低温处传输到高温处的装置。可以认为将它们区分开是狭义的理解,如将以低温侧制冷效果为目的的装置称作制冷机,而将以高温侧制热效果为目的的装置称作热泵。

制冷机的概念最早于1834年由英国的雅可比·珀金斯提出,而热泵的概念最早于1824年由法国的萨迪·卡诺提出。其后,1859年法国的费迪南德·卡雷发明了第一台热驱动氨水吸收式制冷机,并于1860年获得专利。各种形式的制冷机被用于制冰、空调和各种过程加工业。而各种形式的热泵除了被用于民用供暖,还被用于结晶浓缩、海水淡化和溶液蒸馏等过程加工领域。

需要强调的是,无论是民用应用还是产业应用,热泵技术都是一项广普而有效的能源利用技术。它将以往的工业和民用余热、大气和江河中蓄存的热资源以及地热和太阳能等热资源更为有效地转换为人们需要利用的温位,减少了一次能源的消耗。因此,国际能源署(International Energy Agency, IEA)早在1980年5月提出的《能源研究开发战略报告》中,就将热泵技术的开发与普及列于各种节能技术之首。随着我国经济的发展,与工业和交通能耗相比,建筑能耗在国家总能耗中所占的比例快速提高,制冷机与热泵技术在建筑空调中的节能作用显得更为重要。

目前,从数千瓦的民用制冷机与热泵,到数千千瓦的工业用制冷机与热泵,均已经广泛地进入实用化阶段。但是,研究人员仍然致力于其技术的深入开发。如研究人员力图使制冷机与热泵有可能采用更多样化的能源作为动力(包括余热、太阳能和各种可再生能源),使其具有更高的温升幅度和更宽的工作温度范围,供热或供冷的时间不仅可以是连续的,而且可以是间断的(如昼夜变化),能量利用效率更高等。另外,自20世纪80年代后期以来,由于氟、氯引起的环境问题和合理利用能源的需要,替代工质的开发与应用越来越得到关注。

我国于1960年前后开始了对吸收式制冷技术的研究,改革开放以来,研究进展迅速,目前已经达到了世界先进水平。1980年前后,溴化锂吸收式集中空调制冷技术广泛推广,削减了电网负荷,缓解了当时电力供应紧张的形势,促进了经济发展。1990年后,小容量燃气机组和利用油田余热的大容量热泵机组在我国研制成功,为满足生产工艺和建筑空调需求做出了贡献。20世纪80年代末开始，我国在热电站和企业自备电站推广热电联产系统，它可以在发电的同时提供蒸汽，以驱动吸收式机组供冷和供热，提高了系统效率，实现了能源的综合利用。从20世纪90年代开始建设以燃气轮机为原动机的冷热电联产系统，用燃气轮机排烟向废热锅炉供热，所产生的蒸汽用于驱动吸收式制冷机并可同时供热，实现冷热电联产。

在传统热力系统中，技术开发以及商业化主要着眼于单独的制冷机与热泵设备。这些设备的共性问题在于单一目标下的高能耗，在忽视环境影响和不合理的能源价格的情况下，去追求经济效益。从科技用能的角度出发，这些设备均未实现能源的高效综合利用。进入21世纪，分布式冷热电联产技术发展迅速，制冷机与热泵不仅是其中不可或缺的重要构成，而且热泵和吸收式机组是改善分布式冷热电联产系统能源综合利用效率的重要手段。如近年来在京沪等地建立的以微型燃气轮机和燃气发动机为原动机的分布式发电系统中，以排烟驱动吸收式制冷机，形成同时发电、供冷和供热的高效联产系统。

5.1.2 制冷机与热泵的分类

根据制冷机与热泵工作原理以及构成的不同，可以将它们分为机械式、化学式（其中包括吸收式等形式）、蒸汽喷射式、热电式和热声式等。制冷机与热泵的分类见表5-1。除了机械式、吸收式和蒸汽喷射式以外，其余仍处在研究开发阶段。每种类型的制冷机与热泵都有各自的特点，如动力源的形态、结构形式、能量转化效率、输出热量的温度以及运行特性等。

表 5-1 制冷机与热泵的分类

种类	驱动能源	实例
机械式	电、化学能	往复式、离心式制冷机、热泵
化学式	热或化学能	溴化锂、氨吸收式、活性炭吸附式等
蒸汽喷射式	动能	蒸汽喷射式制冷机、热泵
热电式	电能	电子式制冷机、热泵
热声式	热能	热声制冷机、热泵

此外，根据制冷机与热泵工质与应用系统的联系情况，又可以分为闭式循环、半开式循环和开式循环三种。闭式循环，即循环工质与传输热量的二次热媒是不同的介质，如图5-1a所示，两种介质通过换热面传热。而半开式循环的吸热侧或放热侧中，至少有一侧两者是分别的介质。图5-1b给出的例子是在放热侧，循环工质与二次热媒被分开。图5-1c是开式循环示意图，开式循环不需要二次热媒，循环工质直接介入传输能量。

5.1.3 工作方式

通常，一个热驱动的制冷机与热泵（包括燃烧化石燃料驱动）的热源至少有高温（T_H）、中温（T_M）和低温（T_L）三种。而以其他能源驱动的制冷机与热泵，至少有两个温位的热源。因热源的作用不同，制冷机与热泵主要以三种工作方式运行。

（1）制冷方式　制冷机与热泵的三种工作方式如图5-2所示，制冷方式可以采用电力驱动，也可以采用热驱动。以电力驱动时循环有2个热源，包括1个中温热源和1个低温热

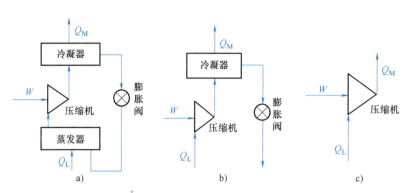

图 5-1 三种循环形式的制冷机与热泵

a) 闭式循环 b) 半开式循环 c) 开式循环热泵

源。为了低温 T_L 侧的制冷效果，循环消耗了电能 W，将低温冷量 $Q（T_L）$ 提升到中温 T_M，循环排出的热为 $Q（T_M）$。以热驱动时循环有 3 个热源，包括高温、中温和低温各 1 个。为了同样的制冷目标，利用高温热源与中温热源之间的温差作为动力。

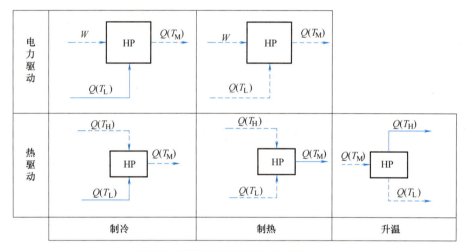

图 5-2 制冷机与热泵的三种工作方式

（2）制热方式　也称为热泵方式，此时的原理与制冷方式完全相同，着眼的却是中温 T_M 处的效果。电力驱动热泵的效果在于它向外界提供了比直接耗电所能获得的更多 T_M 温度的热量。而热驱动的热泵以高温 T_H 热源驱动，利用温度 T_M 较之为低的情况下，不仅从有偿的高温热源，而且从低温 T_L 热源（通常是无偿的大气或余热、废热）吸取热量，更有效地利用高温热量。以制热为目的的热驱动型热泵又称作第一类热泵。

（3）升温方式　这种方式仅有热能驱动型热泵可以实现。此时，热泵利用 T_H 与 T_L 之间的温差作为动力，以消耗一部分中温热源的热量为代价，将另一部分中温热源的热量转换到高温 T_H 去。此类热泵又称作第二类热泵或热变换器（Heat Transformer）。

机械式、蒸汽喷射式和化学式的制冷机与热泵常用于上述前两类工作方式。而第二类热泵通常采用吸收式循环。图 5-3 以制冷机与热泵系统为中心，表示了整个制冷机与热泵利用系统的构成。选择适宜的热源以及设置蓄热（冷）系统对改善制冷机与热泵的运行效率、经济性以及环保特性十分重要。过程工业的余热、公用下水或污水处理后得到的中水、地铁运输产生的热、内燃机或电力机器等动力设备的废热,以及太阳能、地下与地表热等环境热源都可以作为制冷机与热泵的热源,其中的中水、河流或地下与地表土壤等又可以作为制冷机与热泵的热阱。

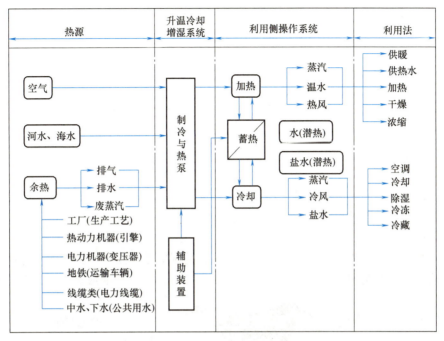

图 5-3　制冷机与热泵利用系统的构成

5.1.4　性能系数

制冷机与热泵的能量利用水平通常以性能系数(Coefficient of Performance,COP)来衡量。性能系数定义为制冷机或热泵的出力与能耗的比值。

以制冷为目的性能系数为输出制冷量 $Q(T_L)$ 与输入能耗 E 的比值,即

$$COP_R = \frac{Q(T_L)}{E}$$

式中,输入能耗 E 可用于表示电的消耗,如机械压缩式制冷机,也可用于表示热的消耗,如吸收式制冷机。

性能系数用于表示热泵时,则为输出制热量 $Q(T_H)$ 与输入能耗 E 的比值,即

$$COP_H = \frac{Q(T_H)}{E}$$

类似地,输入能耗 E 可以分别用于表示机械压缩式热泵的电耗或吸收式热泵的热耗。

为了便于比较不同形式制冷机或热泵之间能量利用效果的差异,通常又以一次能源利用率的概念来评价。如将一次能耗比记为 PER(Primary Energy Efficient Ratio),则 PER 与 COP 的关系为

$$PER = \eta COP$$

式中,η 为包括送电损失在内的发电效率。此式既可以用于评价制冷机,也可以用于评价热

泵。从燃料输入开始分析，包括对 COP 的评价。

5.2 压缩式制冷机组

5.2.1 压缩式制冷机组的组成

压缩式制冷机组主要由压缩机、冷凝器、膨胀机（或膨胀阀）、蒸发器以及连接管路组成。

压缩机是制冷机组中最重要的部分，它通过压缩冷媒气体将其压缩成高温高压气体，提高其温度和压力。压缩机通常采用往复式或螺杆式结构。冷凝器是将高温高压气体冷却并转化为液态的设备。在冷凝器中，冷媒气体通过散热器散发热量，并被冷却介质（如水或空气）吸收热量，从而冷却下来。膨胀阀是将高压液态冷媒通过节流作用使其降压、膨胀成低温低压气体的设备。膨胀阀通常采用电子膨胀阀或热力膨胀阀。蒸发器是将低温低压气体吸收热量并蒸发成气态的设备。在蒸发器中，冷媒气体通过吸收周围物体的热量，从而使其蒸发并成为冷气。

以上 4 个组成部分相互作用，形成了一个完整的制冷循环系统，如图 5-4 所示，其核心单元是压缩机。压缩机的驱动设备，可以是电动机、内燃机（燃油或燃气）或蒸汽机。

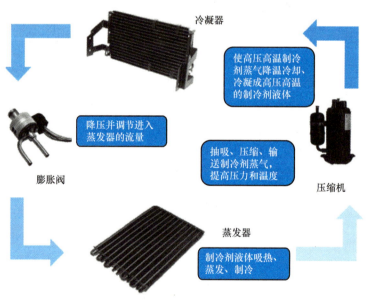

图 5-4　制冷循环系统

5.2.2 制冷循环的原理

制冷剂在压缩式制冷机中历经蒸发、压缩、冷凝和节流 4 个热力过程完成一次循环。

图 5-5 中，工质在较低压力（p_1）下的蒸发器中从低温（T_1）热源吸取汽化热（Q_1）而蒸发。气态工质经压缩机压缩，接受轴功（W）而升压（$p_1 \to p_2$）、升温（$T_1 \to T$），在冷凝器中冷凝液化，向高温热源（T_1）释放冷凝热（Q_2）。当液态工质通过节流阀减压膨胀

($p_2 \rightarrow p$)时，将会降温（$T_2 \rightarrow T$）且有部分液化发生，再进入蒸发器吸取低温热源的热量蒸发，从而形成单级无回热制冷循环。这一过程既具有对低温侧的冷却（制冷）效果，也具有对高温侧的加热（制热）机能。

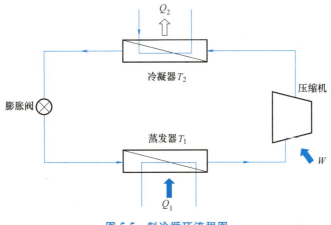

图 5-5　制冷循环流程图

5.2.3　压缩式制冷剂、载冷剂和冷却剂

1）制冷剂：完成制冷循环的工作物质。压缩式制冷剂有氟利昂（卤代烃）、氨。各制冷剂的特点见表 5-2。

表 5-2　各制冷剂的特点

制冷剂	特点
R12	R12 对大气臭氧层有严重破坏作用，并产生温室效应，能与矿物性机油无限溶解
R22	R22 对大气臭氧层有轻微破坏作用，并产生温室效应，部分地与机油互溶
R502	R502 是一种性能良好的低温制冷剂，具有冷冻容量高、致冷速度快的优异制冷性能，但也会破坏臭氧层
R134a	R134a 是一种较新型的制冷剂，其蒸发温度为 -26.5℃，不会破坏空气中的臭氧层，但会造成温室效应，是比较理想的 R12 替代制冷剂

2）载冷剂：间接制冷系统中，用以吸收被制冷空间或介质的热量，并将其传递给制冷剂的流体。常用的有空气、水、盐水。

3）冷却剂：带走冷凝器中制冷剂释放的热量的工作介质。常用的有空气和水。

5.3　余热型溴化锂吸收式冷（热）水机组

5.3.1　基本原理

余热型溴化锂吸收式冷（热）水机组是以燃气轮机（或内燃机）发电设备等外部装置排放废热作为驱动热源，同时，也可以燃油、燃气的燃烧热或其他热源如废蒸汽、市政蒸汽等作为辅助驱动热源，水为制冷剂，溴化锂水溶液为吸收剂，利用水在低压真空环境蒸发吸热、溴化锂溶液极易吸收水蒸气的特性，在真空状态下交替或者同时制取空气调节或工艺用冷水、热水的设备。如图 5-6 所示为余热型溴化锂吸收式冷（热）水机组的工作原理。

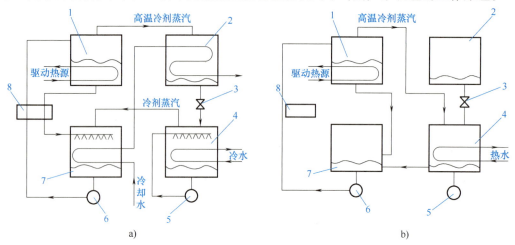

图 5-6 余热型溴化锂吸收式冷（热）水机组的工作原理
a）制冷原理图 b）制热原理图
1—发生器 2—冷凝器 3—节流阀 4—蒸发器 5—冷剂泵 6—溶液泵 7—吸收器 8—溶液热交换器

制冷时，溶液泵将吸收器中的稀溶液抽出，经溶液热交换器换热升温后进入发生器，在发生器中被驱动热源继续加热，浓缩成浓溶液，同时产生高温冷剂蒸汽。浓溶液经热交换器传热管间，加热管内稀溶液，温度降低后回到吸收器。发生器产生的高温冷剂蒸汽进入冷凝器。被流经冷凝器传热管内的冷却水冷凝成冷剂水，热量被带入大气中。冷剂水进入蒸发器，被冷剂泵抽出喷淋在蒸发器传热管表面，吸收流经传热管内冷水的热量而沸腾蒸发，成为冷剂蒸汽。产生的冷剂蒸汽进入吸收器，被回到吸收器中的浓溶液吸收。吸收过程放出的吸收热被流经吸收器传热管内的冷却水带走，被带入大气中。冷水则在热量被冷剂水带走后温度降低，流出机组，返回用户系统。浓溶液在吸收了冷剂蒸汽后，浓度降低，成为稀溶液后被溶液泵再次送往发生器加热浓缩。这个过程不断循环进行，蒸发器就连续不断地制取所要求温度的冷水。如图 5-7 所示为吸收式制冷原理。

制热时，利用驱动热源加热发生器中的溴化锂溶液，产生高温冷剂蒸汽，同时溶液浓缩成浓溶液，高温冷剂蒸汽进入蒸发器，在传热管表面冷凝释放热量，使管内的热水温度升高，冷剂蒸汽凝水进入吸收器，而浓溶液也进入吸收器，二者混合成稀溶液，稀溶液再由溶液泵送往发生器加热，蒸发器传热管内的热水吸收了冷剂

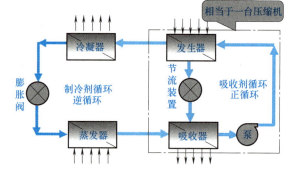

图 5-7 吸收式制冷原理

蒸汽凝结时释放出的热量而升温。这个过程不断循环进行，蒸发器就连续不断地制取热水。

5.3.2 吸收式制冷

溴化锂吸收式制冷机种类繁多，可以按其驱动热源及其利用效率、用途、低温热源、溶

液循环流程以及机组结构和布置等进行分类。表 5-3 归纳了这些分类方式、机组名称以及分类依据。

表 5-3 溴化锂吸收式制冷机的分类

分类方式	机组名称	分类依据
按驱动热源的利用效率	单效型	驱动热源在循环内被直接利用一次
	双效型	驱动热源在循环内被直接和间接地二次利用
	多效型	驱动热源在机组内被直接和间接地多次利用
按驱动热源	蒸汽型	以蒸汽的潜热为驱动热源
	直燃型	以燃料的燃烧热为驱动热源
	热水型	以热水的显热为驱动热源
	余热型	以各种余热（烟气或热水）为驱动热
	复合热源型	以热水与直燃型复合、热水与蒸汽型复合、蒸汽与直燃型复合为驱动热源
按溶液循环流程	串联	溶液先进入高压发生器，再进入低压发生器，然后流回吸收器
	反串联	溶液先进入低压发生器，再进入高压发生器，然后流回吸收
	并联	溶液同时进入高压发生器和低压发生器，然后流回吸收器
	串并联	溶液同时进入高压发生器和低压发生器，流出高压发生器的溶液再进入低压发生器，然后流回吸收器
按用途	冷水机组	输出冷水
	冷热水机组	交替或同时输出冷水和热水
	热泵机组	从低温热源吸热，输出热水或蒸汽
按热泵类型	第一类热泵机组	从低温热源吸热，输出热的温度低于驱动热源
	第二类热泵机组	从驱动热源吸热，向低温热源放热，输出热的温度高于驱动热源

1. 热水型冷（热）水机组

热水型冷水机组是一种以热水为驱动热源的溴化锂吸收式冷水机组。根据利用热水温度条件的不同，机组可分为热水单效型、热水二段型、热水两级型和热水双效型。由于燃气分布式能源冷热电系统中废热水的品位较低，热水双效型暂不做介绍。

（1）热水单效型溴化锂吸收式冷（热）水机组 热水单效型溴化锂吸收式冷（热）水机组由发生器、冷凝器、蒸发器、吸收器和热交换器等主要部件，以及自动抽气装置、自动熔晶管、屏蔽泵（溶液泵和冷剂泵）、控制系统等辅助部分组成。机组可利用热水温度为 90~105℃，工作流程如图 5-8 所示。

热水单效型溴化锂吸收式冷（热）水机组具有以下特点。

1）机组 COP 达到 0.81，高效节能环保。

2）蒸发器采用特有的淋板淋激式结构和先进的防冻管技术，换热管采用全新管型和布置方式，增强了传热效果，提高了机组效率，降低了能耗，提高了机组可靠性。

3）传热管采用特殊表面处理技术，提高了溶液和冷剂水在换热管表面的润湿性和面积利用率，增强了换热效果，提高了机组效率。

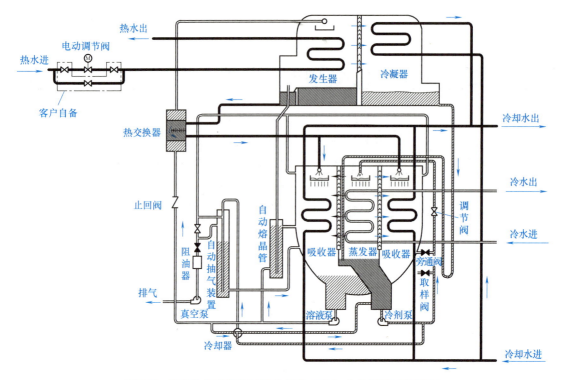

图 5-8 热水单效型溴化锂吸收式冷（热）水机组的工作流程

4）热交换器采用新型高效传热管及新的全逆流结构形式，大幅度降低了端部换热温差，充分回收溶液的热量，提高了机组效率，降低了机组能耗。

5）溶液泵变频控制，保证溶液循环量一直处于最佳状态，提高了机组的运行稳定性和运行效率，并节省了溶液泵的耗电量。

6）发生器采用降膜淋激法发生技术，增强了传热效果，提高了机组效率，降低了机组能耗。

7）自动抽气引射溶液采用冷剂水冷却，配以机组最佳抽气管布置，提高了机组的抽气效果，以及机组性能和可靠性。

（2）热水二段型溴化锂吸收式冷（热）水机组 热水二段型溴化锂吸收式冷（热）水机组由两套发生器、冷凝器、蒸发器、吸收器、溶液泵和热交换器等主要部件，以及自动抽气装置、熔晶管、屏蔽泵（溶液泵和冷剂泵）等辅助部分组成。机组可利用热水温度为 90~140℃，工作流程如图 5-9 所示。

热水二段型溴化锂吸收式冷（热）水机组具有以下特点。

1）机组 COP 达到 0.79，高效节能环保。

2）机组的蒸发-吸收器和发生-冷凝器采用独有的两段式结构，分为高温段和低温段，在冷水、冷却水温度相同的情况下，可以使热水的温度比常规机组大幅度降低，在热水流量相同的情况下，大幅度增加了能源的利用总量和利用效率。

3）传热管采用特殊表面处理技术提高了溶液和冷剂水在换热管表面的润湿性和面积利用率，增强了换热效果，提高了机组效率。

4）热交换器采用新型高效传热管及新的全逆流结构形式，大幅度降低了端部换热温

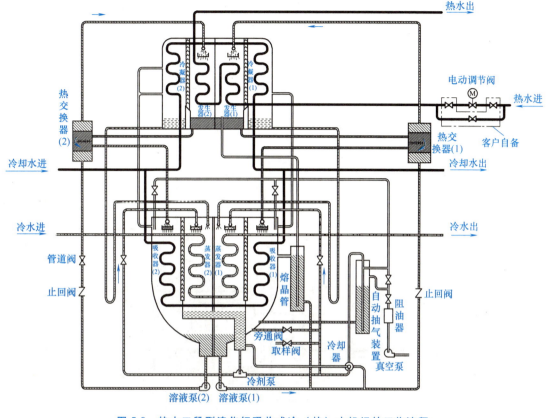

图 5-9 热水二段型溴化锂吸收式冷（热）水机组的工作流程

差，充分回收溶液的热量，提高了机组效率，降低了机组能耗。

5）高温段和低温段溶液泵均采用变频控制方式，溶液循环量根据机组的运行工况自动调节，保证溶液循环量一直处于最佳状态，提高了机组的部分负荷特性和运行稳定性，并节省了溶液泵的耗电量。

6）发生器采用降膜淋激发生技术，增强了传热效果，提高了机组效率，降低了机组能耗。

7）蒸发器采用特有的淋板淋激式结构和先进的防冻管技术，换热管采用全新管型和布置方式，增强了传热效果，提高了机组效率，降低了能耗，提高了机组可靠性。

8）自动抽气引射溶液采用冷剂水冷却，配以机组最佳内抽气管布置，提高了机组抽气效果，以及机组的性能和可靠性。

(3) 热水两级型溴化锂吸收式冷（热）水机组　热水两级型溴化锂吸收式冷（热）水机组由一级发生器、一级吸收器、二级发生器、二级吸收器、冷凝器、蒸发器和热交换器等主要部件，以及自动抽气装置、屏蔽泵（溶液泵和冷剂泵）等辅助部分组成。机组可利用热水温度为 65~85℃，工作流程如图 5-10 所示。

热水两级型溴化锂吸收式冷（热）水机组具有以下特点。

1）机组利用其他制冷机无法利用的低品位热水制冷，在余热利用和节能降耗方面具有其他设备无法比拟的优越性，投资回收期较短。机组 COP 达 0.42~0.45，高效节能环保。

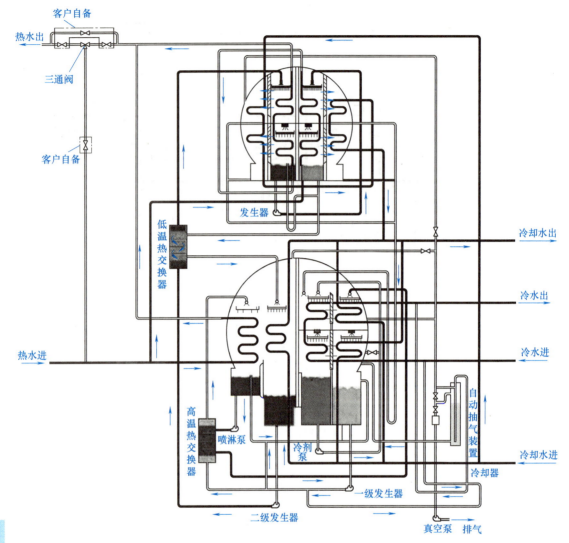

图 5-10　热水两级型溴化锂吸收式冷（热）水机组的工作流程

2）机组工作循环流程采用两级发生、两级吸收流程，从而实现了利用低品位热水制冷。

3）传热管采用特殊表面处理技术，提高了溶液和冷剂水在换热管表面的润湿性和面积利用率，增强了换热效果，提高了机组效率。

4）热交换器采用新型高效传热管及全逆流结构形式，大幅度降低了端部换热温差，充分回收溶液的热量，提高了机组效率，降低了机组能耗。

5）溶液泵采用变频控制方式，保证溶液循环量一直处于最佳状态，提高了机组的运行稳定性和运行效率，并节省了溶液泵的耗电量。

6）发生器采用降膜淋激发生技术，增强了传热效果，提高了机组效率，降低了机组能耗。

7）自动抽气引射溶液采用冷剂水冷却，配以机组最佳内抽气管布置，提高了机组的抽气效果，以及机组的性能和可靠性。

2. 蒸汽型冷（热）水机组

蒸汽型冷（热）水机组是一种以饱和水蒸气为驱动热源的溴化锂吸收式冷（热）水机组，根据利用工作蒸汽压力的高低，可分为蒸汽单效型和蒸汽双效型两种。

（1）蒸汽单效型溴化锂吸收式冷（热）水机组 蒸汽单效型溴化锂吸收式冷（热）水机组由发生器、冷凝器、蒸发器、吸收器和热交换器等主要部件，以及自动抽气装置、自动熔晶管、屏蔽泵（溶液泵和冷剂泵）等辅助部分组成。机组可利用工作蒸汽压力为 0.01~0.15MPa，工作流程如图 5-11 所示。

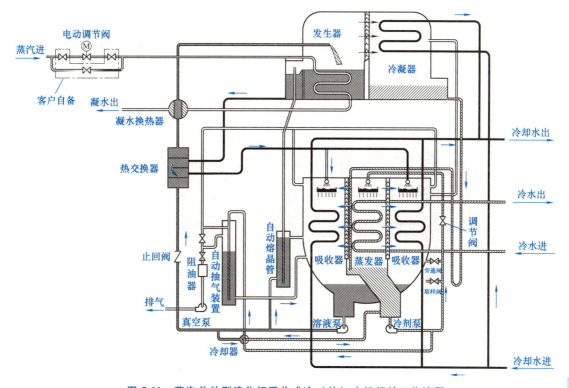

图 5-11　蒸汽单效型溴化锂吸收式冷（热）水机组的工作流程

蒸汽单效型溴化锂吸收式冷（热）水机组具有以下特点。

1）机组 COP 达到 0.8，高效节能环保。

2）蒸发器采用特有的淋板淋激式结构和先进的防冻管技术，换热管采用全新管型和布置方式，增强了传热效果，提高了机组的效率和可靠性，降低了能耗。

3）传热管采用特殊表面处理技术，提高了溶液和冷剂水在换热管表面的润湿性和面积利用率，增强了换热效果，提高了机组效率。

4）热交换器采用新型高效传热管及全逆流结构形式，大幅度降低了端部换热温差，充分回收溶液的热量，提高了机组效率，降低了机组能耗。

5）溶液泵变频控制，保证溶液循环量一直处于最佳状态，提高了机组的运行稳定性和运行效率，并节省了溶液泵的耗电量。

6）发生器采用降膜淋激发生技术，增强了传热效果，提高了机组效率，降低了机组能耗。

7) 自动抽气引射溶液采用冷剂水冷却,配以机组最佳内抽气管布置,提高了机组抽气效果,以及机组的性能和可靠性。

(2) 蒸汽双效型溴化锂吸收式冷(热)水机组　蒸汽双效型溴化锂吸收式冷(热)水机组由高压发生器、低压发生器、冷凝器、蒸发器、吸收器和高温热交换器、低温热交换器、凝水热交换器等主要部件,以及自动抽气装置、自动熔晶管、屏蔽泵(溶液泵和冷剂泵)等辅助部分组成。机组可利用工作蒸汽压力为 0.25~0.8MPa,工作流程如图 5-12 所示。

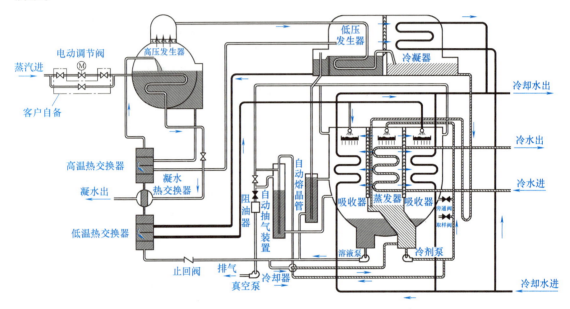

图 5-12　蒸汽双效型溴化锂吸收式冷(热)水机组的工作流程

蒸汽双效型溴化锂吸收式冷(热)水机组具有以下特点。

1) 机组 COP 达到 1.41,高效节能环保。

2) 蒸发器采用特有的淋板淋激式结构和先进的防冻管技术,换热管采用全新管型和布置方式,增强了传热效果,提高了机组效率和可靠性,降低了能耗。

3) 传热管采用特殊表面处理技术,提高了溶液和冷剂水在换热管表面的润湿性和面积利用率,增强了换热效果,提高了机组效率。

4) 热交换器采用新型高效传热管及全逆流结构形式,大幅度降低了端部换热温差,充分回收溶液的热量,提高了机组效率,降低了机组能耗。

5) 溶液泵变频控制,保证溶液循环量一直处于最佳状态,提高了机组的运行稳定性和运行效率,并节省了溶液泵的耗电量。

6) 高压发生器采用新型高效传热管型和结构形式,增强了传热效果,提高了机组效率,降低了机组能耗。

7) 低压发生器倾斜布置,增强了换热效果,提高了机组效率,降低了机组能耗。

8) 自动抽气引射溶液采用冷剂水冷却,配以机组最佳内抽气管布置,提高了机组抽气效果,提高了机组的性能和可靠性。

3. 烟气型吸收式冷（热）水机组

烟气型吸收式冷（热）水机组是以内燃机（或燃气轮机）发电机组或其他外部装置排放的高温烟气为驱动热源的溴化锂吸收式冷（热）水机组。根据利用烟气温度的高低，可分为烟气单效型和烟气双效型两种。烟气温度大于或等于250℃时，一般配置烟气双效型机组，要求烟气洁净、无黑烟及粉尘、无腐蚀性介质，适用于有高温烟气和空调需求的场所，如冷热电分布式能源系统、工业窑炉烟气余热利用、燃气轮机进气冷却系统等。

（1）烟气单效型溴化锂吸收式冷（热）水机组　烟气单效型溴化锂吸收式冷（热）水机组由烟气型发生器、冷凝器、蒸发器、吸收器和热交换器等主要部件，以及自动抽气装置、屏蔽泵（溶液泵、冷剂泵）等辅助部分组成。机组可利用烟气温度为130～250℃，工作流程如图5-13所示。

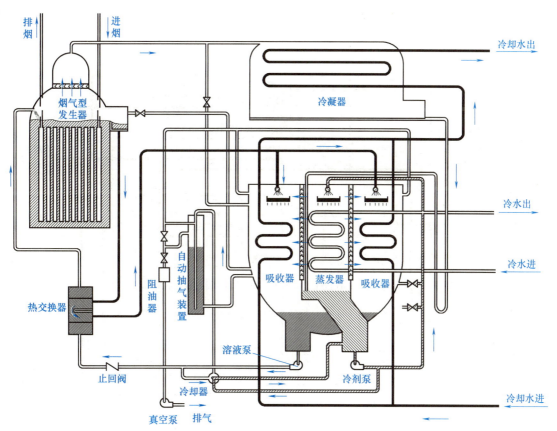

图5-13　烟气单效型溴化锂吸收式冷（热）水机组的工作流程

烟气单效型溴化锂吸收式冷（热）水机组具有以下特点。

1）机组COP达到0.8，高效节能环保。

2）蒸发器采用特有的淋板淋激式结构和先进的防冻管技术，换热管采用全新管型和布置方式，增强了传热效果，提高了机组的效率和可靠性，降低了能耗。

3）传热管采用特殊表面处理技术，提高了溶液和冷剂水在换热管表面的润湿性和面积利用率，增强了换热效果，提高了机组效率。

4）热交换器采用新型高效传热管及全逆流结构形式，大幅度降低了端部换热温差，充分回收溶液的热量,提高了机组效率,降低了机组能耗。

5)溶液泵变频控制,保证溶液循环量一直处于最佳状态,提高了机组的运行稳定性和运行效率,并节省了溶液泵的耗电量。

6)发生器烟气传热管束采用直立水管式结构,溶液在烟气传热管束内流动,结构紧凑,避免了高温腐蚀,无干烧部位,热效率高,可靠性高,易维护。

7)自动抽气引射溶液采用冷剂水冷却,配以机组最佳内抽气管布置,提高了机组的抽气效果,以及机组的性能和可靠性。

(2)烟气双效型溴化锂吸收式冷(热)水机组　烟气双效型溴化锂吸收式冷(热)水机组由烟气型高压发生器、低压发生器、冷凝器、蒸发器、吸收器和高温热交换器、低温热交换器等主要部件,以及自动抽气装置、自动熔晶管、屏蔽泵(溶液泵、冷剂泵)等辅助部分组成。机组可利用烟气温度大于或等于250℃,工作流程如图5-14所示。

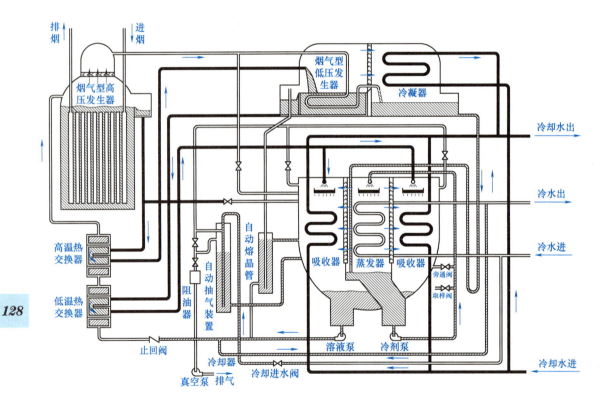

图5-14　烟气双效型溴化锂吸收式冷(热)水机组的工作流程

烟气双效型溴化锂吸收式冷(热)水机组具有以下特点。

1)机组COP达到1.45,高效节能环保。

2)蒸发器采用特有的淋板淋激式结构和先进的防冻管技术,换热管采用全新管型和布置方式,增强了传热效果,提高了机组效率,降低了能耗,提高了机组可靠性。

3)传热管采用特殊表面处理技术,提高了溶液和冷剂水在换热管表面的润湿性和面积利用率,增强了换热效果,提高了机组效率。

4)热交换器采用新型高效传热管及全逆流结构形式,大幅度降低了端部换热温差,充分回收溶液的热量，提高了机组效率，降低了机组能耗。

5) 溶液泵变频控制，保证溶液循环量一直处于最佳状态，提高了机组的运行稳定性和运行效率，并节省了溶液泵的耗电量。

6) 高压发生器烟气传热管束采用直立水管式结构，溶液在烟气传热管束内流动，结构紧凑，避免了高温腐蚀，无干烧部位，热效率高，可靠性高，易维护。

7) 低压发生器倾斜布置，增强了换热效果，提高了机组效率，降低了机组能耗。

8) 自动抽气引射溶液采用冷剂水冷却，配以机组最佳内抽气管布置，提高了机组抽气效果，提高了机组性能和可靠性。

5.4 利用环境热源的热泵系统

5.4.1 空气源热泵

空气源热泵主要由压缩机、热交换器、轴流风扇、保温水箱、水泵、储液罐、过滤器、节流装置和电子自动控制器等组成。接通电源后，轴流风扇开始运转，室外空气通过蒸发器进行热交换，温度降低后的空气被风扇排出系统，同时，蒸发器内部的工质吸热汽化被吸入压缩机，压缩机将这种低压工质气体压缩成高温、高压气体送入冷凝器，被水泵强制循环的水也通过冷凝器，被工质加热后送去供用户使用，而工质被冷却成液体，该液体经膨胀阀节流降温后再次流入蒸发器，如此反复循环工作，空气中的热能被热泵不断送到水中，使保温水箱里的水温逐渐升高，最后达到55℃左右，正好适合洗浴，这就是空气源热泵的工作原理，如图5-15所示。

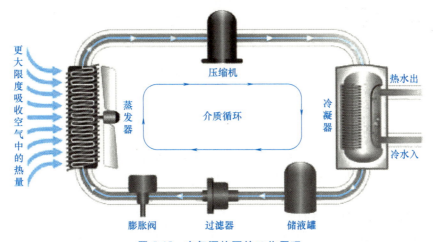

图5-15 空气源热泵的工作原理

空气源（风冷）热泵目前的产品主要是家用热泵空调器、商用单元式热泵空调机组和热泵冷（热）水机组。自20世纪90年代初，空气源（风冷）热泵在夏热冬冷地区得到了广泛应用。空气源热泵空调器已占到家用空调器销量的40%～50%，年产量为400余万台。空气源热泵冬季供热运行时，最大的一个问题就是当室外气温较低时，室外侧换热器翅片表面会结霜，需要采取除霜措施。

根据有关研究,除霜能耗损失约占热泵总能耗损失的 10.2%。在室外空气温度低的地方,由于热泵冬季供热量不足,需设辅助加热器。常用方法是在室内机出风口处设加热器。这种方法不仅传热效率低、安全性能差,而且化霜时间长、室内温度下降大。采用工质加热器可以明显克服以上缺陷。将室内侧换热器分前、后两部分,中间增加一个氟利昂辅助加热器,冬天作为热泵运行时,压缩机排出的高温工质气体进入室内换热器前端时,已有部分气体被冷凝成液体。此时经工质加热器的加热,使该部分液体再次蒸发成气体,然后再进入室内换热器的后端。这样,依靠整个室内换热器将热泵室外换热器吸收的热量、工质加热器所产生的热量一并传给空调房间内,弥补了由于室外环境温度低而引起的供热量不足。

5.4.2 水源热泵

水源热泵与地源热泵的称谓虽然不同,实际上都是用循环水将环境热或地表、地下的热量传输给热泵系统。水源热泵的热源可能是自然界中的江河、湖泊或海洋,以及污水、处理后回用的中水、自来水和生产用循环冷却水等。地源热泵的热源是土壤和地下岩层。

虽然目前空气源热泵机组在我国有着相当广泛的应用,但它存在热泵供热量随着室外气温的降低而减少和结霜的问题。水源热泵克服了以上不足,而且运行可靠性比较高,因此应用规模逐年扩大。图 5-16 为利用地表水和采用深井回灌的浅层地下水的水源热泵的系统示意图。

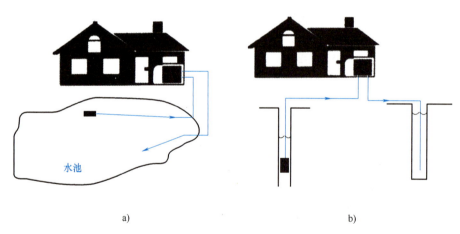

图 5-16 水源热泵系统示意图
a) 利用地表水的水源热泵 b) 采用深井回灌的浅层地下水的水源热泵

图 5-17 中,从深井中抽出的地下水进入向热泵供热的板式换热器,换热后再通过深井排到地下,循环水系统经住宅楼内管网送入各户,经各户的水源热泵产生热水(冬季)或冷水(夏季)送入末端装置,满足供热或供冷的要求。

水源热泵是一种介于中央空调和分散空调之间的优化空调能源方式。它既具有中央空调能效高、成本低、安全、可靠等优点,又具有分散空调的调节灵活等优点。有研究对水源热泵冷(热)水机组、风冷热泵、溴化锂直燃机、水冷冷水机组+燃油锅炉四种方案的经济性进行了比较,结论是水源热泵冷热水机组具有初投资较小且成本比其他三种中央空调低 19%~65% 的优点。

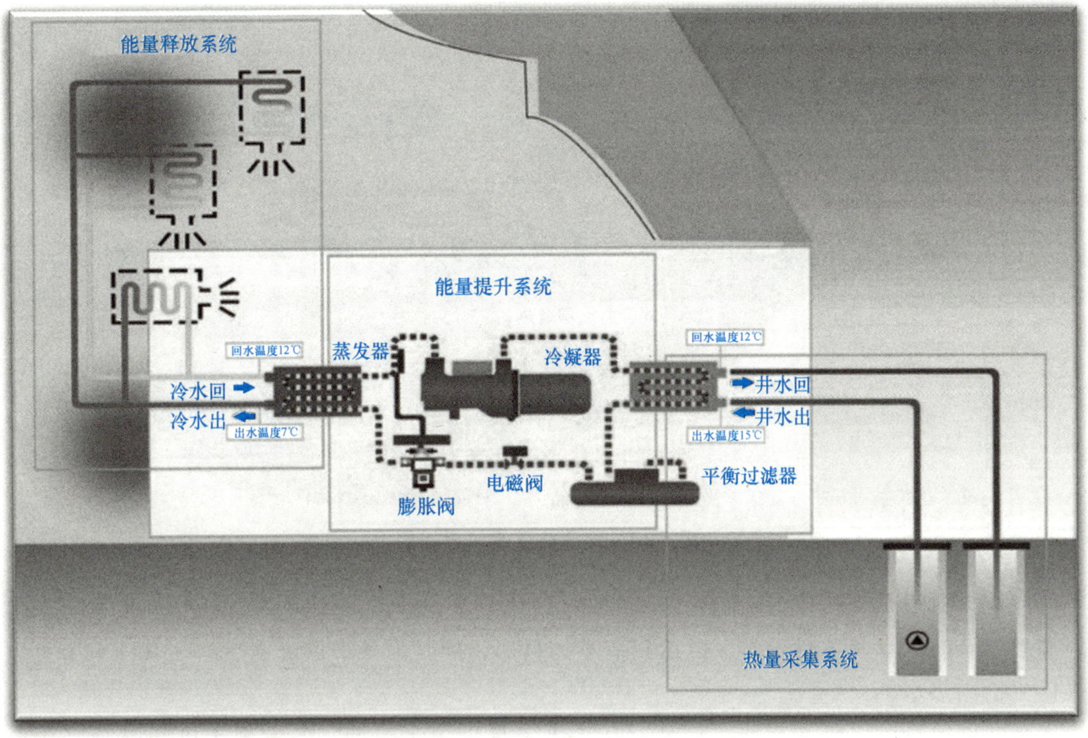

图 5-17　水源热泵系统结构图

5.4.3　地源热泵

地源热泵是以大地为热源对建筑进行空气调节的技术。冬季，通过热泵将大地中的低位热能提高，对建筑供暖，同时蓄存冷量，以备夏用。夏季，通过热泵将建筑物内的热量转移到地下，对建筑进行降温，同时蓄存热量，以备冬用。地源热泵因具有节能、环保、热稳定性好等优点，引起了世界各国的重视。在欧美等发达国家，地源热泵的利用已有几十年的历史，特别是供热方面已积累了大量设计、施工和运行方面的资料和数据。

如图 5-18 所示，在热泵冬（夏）季运行终止至夏（冬）季运行开始这个过渡季期间内，正确了解大地温度的变化数据，是建立地下埋管传热模型的重要边界条件，也是保证地源热泵长期有效运行的重要数据。发展和推广地源热泵的关键问题是需要根据不同气候条件下及土壤的蓄、放热能力，选择热泵系统的合理容量、土壤中放热量的最佳间距和深度，从而确定出最佳安装方案，以获得最大的经济和系统效益。

冬季土壤热源的温度不仅高于空气，而且较为稳定，如在天津市和河北省地区，在整个供暖期，地下 1.6m 深处的土壤温度在 10~13℃ 之间变化。空气热源的温度则不可能这样稳定，而且空气热泵不适于在 -4~7℃ 范围内工作，它需要复杂的除霜装置。如空气热泵在外界温度 -4℃ 以下工作时，蒸发温度较低，热泵性能系数明显下降。因地源热泵 70% 的能源来自土壤，消耗电能较少，其热效率较高，COP 值一般为 3.5，即每消耗 1kW·h 电可输出热量 3~5kW·h。

在供暖季末期，由于供暖负荷的减少和土壤供热量的降低，地源热泵的输出与负荷要合

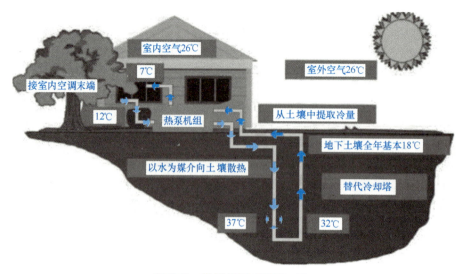

图 5-18 地源热泵系统原理图

适的匹配。冬季热交换器盘管附近土壤的湿润和结冰，能为热泵提供附加热量。夏季可以将地源热泵转换为空调运行工况，以达到节水的目的，同时为冬季供暖蓄热。在其他季节可以提供生活用热水。

从年度电费的比较（指地源热泵、空气热泵夏天用于空调，冬天用于供暖时全年用电费用比较）上来看，地源热泵可以比空气热泵节省电费 10%～12%。

5.4.4 太阳能-水源热泵系统

作为一种复合热源热泵系统，太阳能-水源热泵系统是将太阳能与水源热泵技术结合利用的系统，如图 5-19 所示。太阳能-水源热泵系统由三部分组成，即太阳能集热系统、水源

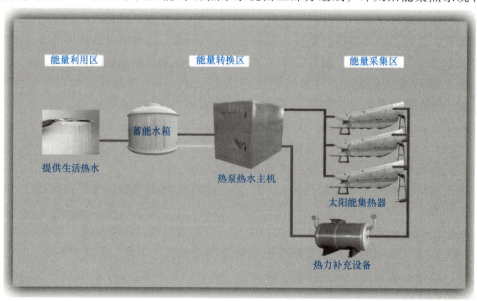

图 5-19 太阳能-水源热泵系统原理图

热泵系统和热水供应系统。它利用太阳能集热板或太阳能热管等太阳能热源收集太阳能,将其转化为热能,然后通过水源热泵系统将热能提升并用来供热、供暖和制冷。系统将建筑物的消防水池作为蓄水供应系统,以解决太阳能的间歇性和不稳定性。当环路水温高于35℃时,水源热泵空调系统与消防水池断开,冷却塔投入运行;当环路水温在15~35℃之间时,冷却塔停止运行,由太阳能来加热生活用水;当环路水温低于15℃时,环路与消防水池连通,太阳能水源热泵空调系统吸收太阳能,若仍有多余的太阳能时,可继续加热生活用水。

太阳能-水源热泵系统将新能源利用与节能相结合,兼顾太阳能的诸多优点,同时也受到太阳能本身的限制。对于太阳能空调来讲,如图5-20所示,用户冷量需求同太阳能供热量相互对应;而对于热泵而言,往往需求越大时,太阳能供热量也就越低,所以使用时,必须使用辅热源或储热源。

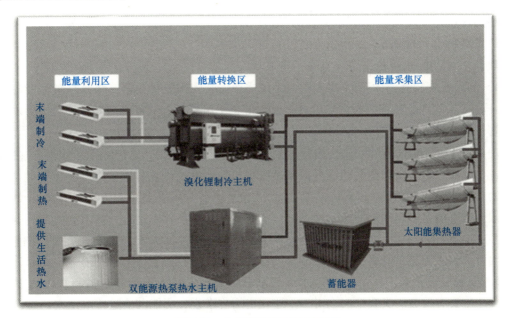

图 5-20　太阳能空调系统原理图

太阳能-水源热泵空调系统拓宽了水源热泵空调系统的应用范围,使内部余热少或无余热的建筑物也可采用水源热泵实现空调系统节能。对于我国大部分地区,尤其是对年太阳辐射总量较高、冬季日照率高的地区,应用太阳能-水源热泵空调系统可以收到良好的节能效果。

太阳能集热板或太阳能热管通常安装在建筑屋顶或墙面上,用于吸收太阳辐射,并将其转化为热能。这些集热器可以将太阳能转化为热水或热媒(如乙二醇)。

水源热泵系统使用水体作为热源或热汇,通过热泵循环将水中的低温热能提升,并利用其为建筑供热、供暖和制冷。在夏季,水源热泵系统可以将建筑内部的热量转移到水体中,实现空调效果;而在冬季,则可以从水体中摄取地下的热能,满足建筑的采暖需求。

太阳能-水源热泵系统具有以下优势。

1)高效节能。太阳能提供了免费且可再生的能源,通过太阳能集热器将太阳能转化为热能,供给水源热泵系统使用。水源热泵系统则利用地下水、湖泊或井水等水源作为热交换介质,通过热泵循环过程提取热能。这种组合可以大幅度降低能耗,实现高效节能。

2）环境友好。太阳能-水源热泵系统不会产生直接的排放物，如二氧化碳等温室气体，对环境污染较小。同时，它也不依赖传统的燃料，减少了对化石能源的需求，有利于减少碳排放和缓解气候变化。

3）稳定可靠。太阳能和水源热泵两者的结合使得系统在不同季节和天气条件下都能够提供稳定的热能供应。在阳光充足时，太阳能集热器可以提供充足的热能；而在太阳能不足或夜间时，水源热泵系统可以继续运行，通过地下水等水源提供稳定的热能。

4）多功能性。太阳能-水源热泵系统不仅可以用于供暖，还可以用于制冷和热水供应。通过逆转热泵循环过程，系统可以将热能从室内排放到地下水中，实现室内空调和制冷效果。同时，系统也可以用于热水供应，满足家庭和商业场所的热水需求。

5）长期经济效益。尽管太阳能-水源热泵系统的初始投资较高，但由于其高效节能和稳定可靠的特点，可以显著降低能源消耗和运行成本，从而获得长期收益。此外，随着太阳能技术的发展和成本的降低，系统的经济性将进一步提高。

然而，太阳能-水源热泵系统也有一些限制。

1）初始投资较高。太阳能-水源热泵系统需要安装太阳能集热器、水源热泵等设备，初始投资较高。尤其是对于一些住宅用户来说，由于使用量不大，可能需要更长的时间才能收回投资。

2）依赖天气和季节。太阳能-水源热泵系统的运行效果受到天气和季节的影响。在阴雨天气或冬季寒冷时，太阳能集热器的效率会降低，导致系统供热效果下降。

3）对环境条件有限制。水源热泵需要利用地下水、湖泊或井水等水源作为热交换介质，因此需要满足一定的地质、水文条件。如果周围环境条件不适合，就不能使用。

4）维护成本较高。太阳能-水源热泵系统中的各个部件都需要定期维护，如太阳能集热器需要清洗，水源热泵需要更换过滤器等。这些维护成本可能会增加系统的运行成本。

5）安装空间要求较高。太阳能-水源热泵系统需要安装太阳能集热器和水源热泵等设备，因此需要有足够的安装空间。对于一些住宅用户来说，可能需要进行改建或扩建，增加了安装成本。

太阳能-水源热泵系统可以有效利用太阳能资源，提供可靠的供热、供暖和制冷功能。它是一种可持续、环保的能源利用方式，对于节能减排和改善室内舒适度具有重要意义。

5.4.5 与太阳能互补的多种热泵系统

我国北方许多地区采暖时间长达 6 个月以上，气候寒冷，余热驱动的常规吸收式热泵采暖难以实现。为此，通过燃气轮机排烟余热与太阳能、地热等环境热源互补，实现燃气轮机与热泵的耦合，提高余热供热效率，是提高此类冷热电联产系统节能率的重要手段。压缩式热泵和吸收式热泵采用不同的循环工质，适应的温度范围也不同，利用这个特点，采用不同工质的压缩式热泵与吸收式热泵或者不同工质的吸收式热泵的耦合，形成吸收/压缩复叠式热泵系统，即吸收式热泵工作于相对高的温度段，压缩式热泵工作于相对低的温度段。因此，可以使热泵系统适应寒冷气候，利用环境能源，更好地发挥热泵的节能作用。

另外，低温太阳能集热器成本较低且集热效率较高，但由于集热温度较低，在 32℃ 冷却水的条件下，无法用来驱动单效氨/水吸收式制冷循环制取 0℃ 以下的冷量。而太阳能/动力复合驱动氨/水制冷循环则较好地解决了这一问题，从而拓展了低温太阳能集热器在制冷领域的应用，降低了初期投资成本。太阳能/动力复合驱动氨/水制冷循环可以较方便地实现在太阳能/动力复合驱动运行模式和蒸汽压缩驱动运行模式之间的切换，以有效应对太阳能不连续的缺点。当蒸发温度为 $-15℃$、冷却温度为 $40℃$、发生温度为 $85℃$ 时，太阳能/动力复合驱动氨/水制冷循环中，压缩机的最佳出口压力为 $600kPa$。此时，循环中 44.3% 的冷量由太阳能产生，另外 55.7% 的冷量则由机械功产生。

太阳能与热泵系统的组合可以实现更高效的能源利用，以下是几种常见的与太阳能互补的热泵系统。

（1）太阳能-水暖热泵系统　通过太阳能集热板或太阳能热管等太阳能热源与热泵系统结合，将太阳能提供的热能转化为电能来驱动热泵循环，从而实现热水供应、采暖和空调等功能。

（2）太阳能-地源热泵系统　利用太阳能集热板或太阳能热管等太阳能热源，将地下埋设的热交换器作为热泵的热源，通过热泵循环将地下的低温热能提升并利用其为建筑供热、供暖和制冷。

（3）太阳能-空气热泵系统　利用太阳能集热板或太阳能热管等太阳能热源，将空气中的低温热能提升并利用其为建筑供热、供暖和制冷。这种系统适用于没有适合的地源热泵系统安装条件的地区。

（4）太阳能-蓄能热泵系统　太阳能热泵蓄能系统通过太阳能集热板或太阳能热管等太阳能热源收集太阳能热量，将其转化为电能储存起来。当需要供热、供暖和制冷时，热泵可以从储能系统中提取电能来驱动。

这些与太阳能互补的热泵系统可以根据具体的应用需求和地区条件进行选择和组合，以实现更高效的能源利用和节能减排的目标。

5.4.6　余热利用系统

CCHP 系统节能的主要原因是在提供电力的同时，实现了不同温度水平热量需求的对口利用，因此余热的合理回收与高效使用是 CCHP 系统的关键技术之一。

从原动机来看，原动机产生的可利用余热主要有系统冷却用的高温水以及排放出的高温烟气。用能侧需要的是用于空调的冷冻水、用于采暖的热水、卫生热水，有时还有保持建筑内空气品质的湿度控制技术与设备所需要的热量或冷量。从原动机余热的载体来看，基本是热水或者蒸汽两种形式。

图 5-21 为 CCHP 系统设计时所需考虑的各种余热利用设备，包括烟气型/蒸汽型/热水型吸收式制冷机、余热锅炉、热交换器等。对同样的原动机系统和用能需求，可以有多种不同的余热利用方案。如对发动机的高温烟气，可选择直接送入烟气型吸收式制冷机，夏季产生冷冻水、冬季产生采暖水；也可选择送入余热锅炉，产生蒸汽送入蒸汽型吸收式制冷机。

图 5-21 中还给出了一类具有补充/备用功能的设备，如直燃型吸收式制冷机、电动冷水机组、燃气锅炉、蓄热设备等。这是由于在以电定热的设计原则下，对绝大部分的建筑负荷而言，仅靠原动机的余热所能提供的冷量或热量不足以满足需求，必须考虑其他的补充设施。当然，具体采用何种备用设备，必须在考虑电力、空调、采暖和热水负荷的情况下，进行投资与运行费用的综合比较之后，方能确定。

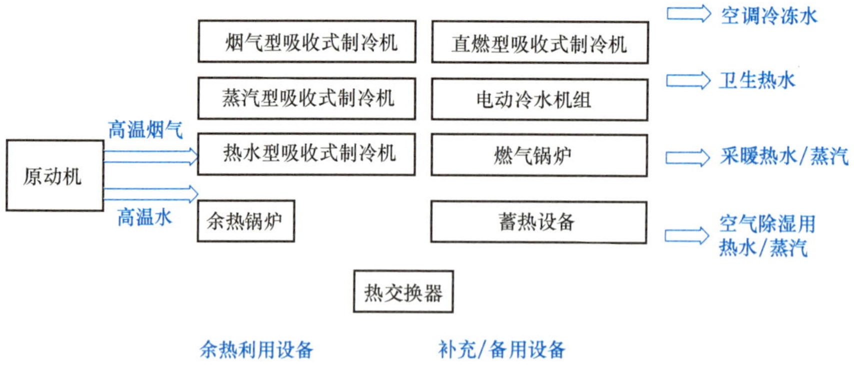

```
                      烟气型吸收式制冷机      直燃型吸收式制冷机      ⇒ 空调冷冻水
                      蒸汽型吸收式制冷机      电动冷水机组          ⇒ 卫生热水
         高温烟气
  原动机                热水型吸收式制冷机      燃气锅炉              ⇒ 采暖热水/蒸汽
         高温水
                      余热锅炉              蓄热设备              ⇒ 空气除湿用
                                                                热水/蒸汽
                              热交换器

           余热利用设备                  补充/备用设备
```

图 5-21 CCHP 系统设计时所需考虑的各种余热利用设备

随着设备水平的不断完善，目前已有一些将补充功能与余热回收利用结合一体的新型装备，如带有补燃功能的烟气型吸收式制冷机。CCHP 系统中常用的余热回收换热器有回收发动机冷却水余热的冷却液—水换热器和回收排烟余热的烟气—热水（或蒸汽）换热器。换热器的结构可采用管翅式、壳管式、板式、螺旋板式等多种形式。此外，在回收烟气冷凝热时，除了常规的间壁式换热器外，也可采用直接接触方式，即水直接通过喷嘴以逆流方式流入热烟气气流，将烟气冷却到低于进口烟气的露点温度，最终以低温饱和状态离开系统，而水则被加热后离开系统。水和烟气的直接接触可在喷雾室内、挡板盘塔或填充塔内完成，由于水流过烟气后会具有一定的酸度，一般利用二级换热器，将回收的热量传给工艺介质。

CCHP 系统中所采用的换热器与常规换热器并没有太大区别。下面重点介绍各种利用烟气、原动机冷却系统的高温热水作为热源的吸收式制冷机。

（1）蒸汽型双效溴化锂吸收式制冷机　利用余热锅炉回收排气废热，产生 0.6~0.8MPa（表）的蒸汽，可用作蒸汽型双效溴化锂吸收式制冷机的热源。

（2）蒸汽型单效溴化锂吸收式制冷机　采用沸腾冷却方式的发动机，可产生 0.1MPa（表）的饱和蒸汽，可用作蒸汽型单效溴化锂吸收式制冷机的热源。

（3）热水型单效溴化锂吸收式制冷机　水冷式发动机的气缸套、过冷器、油冷器等可产生 85~95℃ 的热水，另外也可以回收排烟余热产生热水，用作热水型单效溴化锂吸收式制冷机的热源。

（4）烟气型吸收式制冷机　直接利用燃气发动机（或燃气轮机、微燃机）的排气作为溴化锂吸收式制冷机高压发生器的唯一驱动热源。

（5）烟气型双效吸收式制冷机　直接将原动机的排气用作直燃型溴化锂吸收式制冷机的热源；在余热量不足时，则通过燃烧器燃烧补充。高压发生器有两个加热源——烟气余热和天然气直接燃烧，既充分利用了烟气的热量，又保证了机组的稳定运行。

图 5-22 为烟气型双效吸收式制冷机的工作流程。在烟气驱动模式下，处于烟气热交换器 6 内的稀溴化锂（LiBr）溶液，被热烟气流加热、沸腾。其中的制冷剂（水蒸气）分离，向下流入分离器 9、进入低压发生器 4 内的盘管。浓度提高了的 LiBr 溶液（中间浓度），向下流入高压发生器 5，之后继续向上流，充满管束，再向下流入高温热交换器 7，到达低压发生器 4 的腔体，开始二次沸腾过程。高温热交换器 7 将热量由中间浓度的溶液传给稀溶液。

在低压发生器 4 中盘管内凝结的制冷剂以及分离出来的制冷剂，进入冷凝器 3，进行凝

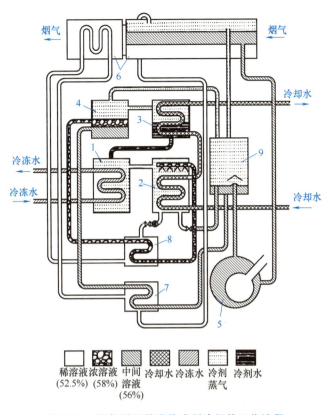

图 5-22　烟气型双效吸收式制冷机的工作流程
1—蒸发器　2—吸收器　3—冷凝器　4—低压发生器　5—高压发生器
6—烟气热交换器　7—高温热交换器　8—低温热交换器　9—分离器

结。在冷凝器内热量传给冷却水。在低压发生器 4 中产生的较高浓度的 LiBr 溶液，在低温换热器 8 中将热量传递给稀 LiBr 溶液，之后进入吸收器 2。LiBr 溶液的浓度水平和冷却水的温度提供了一个低压环境，液态制冷剂在蒸发器 1 内发生相变。

在吸收器 2 内 LiBr 溶液吸收蒸发器内产生的制冷剂蒸汽，重新形成稀溶液。吸收过程的热量通过冷却水排出。溶液泵将稀溶液自吸收器内泵入低温热交换器 8、高温热交换器 7，经过烟气热回换热器回收热量。最终稀溶液到烟气热交换器 6，再次由烟气加热沸腾，如此循环往复。

当烟气的余热量不足以产生足够的冷量输出时，切换到双驱动模式，即补燃系统与烟气共同工作。位于高压发生器 5 内的燃气燃烧器启动，LiBr 溶液以串联的形式沸腾，先烟气热交换器 6，后高压发生器 5，较浓的溶液在两级中依次形成。

在双驱动模式下，与分离器 9 连接的管道全部开启。自高压发生器 5 内 LiBr 溶液表面，液滴伴随蒸汽一起进入分离器 9，分离后的较浓溶液进入高温热交换器 7。之后的流程与烟气驱动模式相同。

拓 展 阅 读

内蒙古呼伦贝尔根河市位于大兴安岭北段西坡，因其严寒的气候条件而被誉为"中国

分布式能源

冷极"。根河市平均海拔约1000m，年封冻期长达210天以上，年平均气温仅为-5.3℃，历史上的最低温度更是低至-58℃。

根河市的气候属于寒温带湿润型森林气候，同时具有一些大陆季风性气候的特征。冬季漫长而严寒，夏季短暂而凉爽，春秋相连。这种气候条件影响了根河市的自然环境和生活方式。漫长的冰雪季节使得这里成为冰雪体验和冰雪运动的理想场所。冬季，根河市周边的原始森林、湖泊和草原呈现出一幅冰雪覆盖的美丽画卷，吸引了大批的冰雪爱好者和自然风光摄影者前来旅游。

尽管寒冷的气候给居民带来了一定的生活挑战，但根河市也以其独特的自然景观和鄂温克族的传统文化而闻名。鄂温克族是这一地区的主要少数民族之一，有着丰富的牧民文化和独特的生活方式，为根河市增添了浓厚的民族风情。

第6章

蓄能与除湿

6.1 能量概述

能量转化、储存和利用是人们生活中经常接触到的概念。它们是现代社会能源问题的核心，对于解决环境保护、经济发展、国家安全等方面具有重要的意义。

1. 能量转化

能量转化是指将一种形式的能量转化为另一种形式的能量。能量转化的过程中，能量的总量是不变的，只是能量的形式发生了变化。能量转化的方式主要包括机械能转化、电能转化、热能转化、化学能转化等。如图6-1、图6-2所示为我国大型能量转换站。

图6-1 三峡大坝水力发电

图6-2 新疆达坂城风力发电厂

机械能转化是指将机械能转化为其他形式的能量，如水力发电、风力发电等。电能转化则是指将电能转化为其他形式的能量，如电热转换、电动力转换等。热能转化则是指将热能转化为其他形式的能量，如汽车发动机的热能转化为机械能。化学能转化则是指将化学能转化为其他形式的能量，如汽车燃油的化学能转化为机械能。

能量转化的效率是衡量能源利用效率的重要指标。提高能量转化的效率，不仅可以降低能源的消耗，还可以减少对环境的污染。

2. 能量储存

能量储存是指将能量以某种形式储存起来，以备将来使用。目前，能量储存的方式主要包括化学能、电能、机械能、热能、核能等。其中，化学能是最常用的能量储存方式之一，如石油、天然气、煤炭等化石燃料就是以化学能的形式储存的能源。电能也是一种常用的能量储存方式，如蓄电池、超级电容器等都是以电能的形式储存能量。机械能则主要通过弹簧、飞轮等装置将能量储存下来。热能则通过热储存材料或热储存器来实现储存。核能则主要通过核反应堆将能量储存下来。

能量储存的方式不仅影响着能源的使用效率，还关系到能源的可持续性和环境保护。因此，研究新型、高效、环保的能量储存材料和技术是当今能源领域研究的热点之一。

3. 能量利用

能量利用是指将能量转化为有用的能量，以满足人们的生产和生活需求。能量利用的方式主要包括发电、供热、供冷、交通运输等。

发电是能量利用的主要方式之一，目前主要采用的是火力发电和核能发电。火力发电主要是将化石燃料的化学能转化为热能，再将热能转化为机械能和电能。核能发电则是利用核反应堆将核能转化为热能，再将热能转化为机械能和电能。

供热和供冷是能量利用的重要方式之一，它们主要是利用热能转化为其他形式的能量，以满足人们的生产和生活需求。

6.2 蓄热技术

蓄热技术是利用材料在一定温度范围内的热特性进行的热转换过程，通常与供热或供暖过程相协调，以达到把多余的热量储存起来。

蓄热材料的化学组成可以是无机材料或有机材料（包括高分子类）。表 6-1 为蓄热材料的类型划分与示例。水是典型的无机化合物蓄热材料。固态的水，也就是冰可以作为蓄冷材料。气态的水，即水蒸气，也可以作为蓄热材料。气体水合物可以是氢氧化物水合物，也可以是氟利昂类制冷剂形成的气体水合物或氨合物。为了达到蓄热过程的技术要求，蓄热材料的成分有时比较复杂。如有些相变材料由多种物质构成，包括主蓄热剂、相变点调整剂、防过冷剂、防相分离剂、相变促进剂等组分。

表 6-1　蓄热材料的类型划分与示例

温度范围	类型	蓄热材料示例				
高温类 （120~850℃）	无机类	无机化合物	单纯盐或碱	混合物	金属	金属氢化物
低温类 （0~120℃）	有机类	有机化合物	石蜡	脂肪酸类	其他	
	无机类	无机化合物	共晶盐	盐的水合物	气体水合物、 氨合物（包合物）	金属氢化物

蓄热材料可利用的热特性形式主要有三类，即材料的显热、潜热和化学反应热。其中吸附过程、气体水合物的形成过程也可以归类于化学反应的热效应。

蓄热方法有显热蓄热、相变蓄热和热化学蓄热三种。

6.2.1 显热蓄热

显热蓄热是利用蓄热材料的温度变化来储存热量。如温度 T_1 高于温度 T_2，当把蓄热材料从温度 T_2 加热到 T_1 时，蓄热材料的内能增加，从而储存的热量为

$$Q = \int_{T_2}^{T_1} mc_p \mathrm{d}T = m\bar{c}_p (T_1 - T_2)$$

式中，c_p 表示比定压热容；$\bar{c}_p$ 表示温度 T_1 和温度 T_2 之间的平均比定压热容。

在此温度范围内，蓄热材料不发生任何相变和化学反应。因此蓄热量取决于材料的比定压热容 c_p、材料的质量 m 和温度差。为使蓄热设备具有高蓄热能力，具有较大的比热容是选用蓄热材料的重要条件之一。同时还要考虑到容积蓄热能力（蓄热材料每单位容积所能储存的热量），选用密度高或容积比热容大的蓄热材料。

表 6-2 中，水的蓄热性能最佳，而且水的黏度低、无腐蚀性、廉价，因此使用最多。在 30~70℃，水不发生相变，也不发生化学反应。但是水的正常沸点为 100℃，要在更高的温度范围蓄热就必须选择其他物质。固体蓄热材料用得最多的是砾石。虽然砾石的性能一般，但因其价廉易得而得到了广泛应用。

表 6-2 显热蓄热材料的性质

形态	蓄热材料	比定压热容 /kJ·kg^{-1}·℃$^{-1}$	密度 /kg·m^{-3}	容积比热容 /kJ·m^{-3}·℃$^{-1}$	标准沸点 /℃
液体	乙醇	2.38	790	1884.06	78
	丙醇	2.51	800	2008.32	97
	丁醇	2.38	809	1929.37	118
	异丁醇	2.97	808	2400.28	100
液体	辛烷	2.38	704	1678.96	126
	水	4.18	1000	4184.00	100
固体	铝	0.88	2700	2372.33	
	铸铁	0.46	7754	3568.70	
	砖	0.84	1698	1420.89	
	混凝土	0.84	2200	1840.96	
	干土	0.84	1800	1506.24	
	卵石	0.71~0.92	2245~2566	1596.82~2361.95	
	氧化铝	0.84	3900	3263.52	
	氯化钙	0.67	2510	1680.29	
	氧化镁	0.96	3570	3435.48	
	氯化钠	0.92	2170	1997.44	

最常用的固态蓄热材料是石块（一般采用卵石）。水的比热容大约为石块的 4.8 倍，而石块的密度只比水大 2.5~3.5 倍。因此，以水作为蓄热材料时，水的优点是单位蓄热量所要求的容积要比以石块作为蓄热材料时小。石块的优点是它不像水那样有漏损问题。如果需要在较高温度下储存热量，以水作为蓄热材料并不合适。如果要使水升温到 150~200℃ 而不沸腾汽化，就要把蓄水空间的压力维持在 0.5~1.6MPa。显然，承压较高的容器会带来经济性方面的问题。因此，此时视温度的高低，可选用石块、金属或无机氧化物来蓄热。

原则上讲，固体、液体和气体均可作为蓄冷材料，但由于气体的容积比热容值远低于固体、液体，所以使用起来既不方便又不经济。目前实际上最常用的液态蓄冷材料是水，还有乙二醇水溶液、氯化钠水溶液或有机物溶液。一般，溶质浓度的增加会使溶液凝固点下降，据此可以调节显热蓄热的温度范围。

此外，在选择蓄热材料时还必须综合考虑密度、黏度、毒性、腐蚀性、热稳定性和经济性。黏度大的液体用泵输送较为困难，会使泵功率增加，管道口径也将增大。

6.2.2 相变蓄热

物质发生固—液、固—气、液—气相变时均要吸热,而与此相反的过程均要放热。该热量称为相变热或潜热,故相变蓄热又称为潜热蓄热。有时,固体由一种晶体结构转变为另一种晶体结构时,也会吸收或放出转变热。原则上来说,这些相变过程的热效应均能用于蓄热,实际用得最多的是固—液相变。

用于潜热蓄热的材料称为相变材料(Phase Change Material,PCM)。

一般地,选择相变材料需要考虑到以下条件。

(1) 热学性质

1) 具有适当的相变温度。相变温度要同时满足蓄热过程和释热过程的传热温差要求。

2) 具有较高容积相变潜热。如水的固—液相变热值很高。

3) 较低的蒸汽压、较高的密度,而且相变前后体积变化比较小。

4) 与传热有关的热物理性质良好,包括导热系数、比热容、黏度等。

(2) 相变动力学特性

1) 凝固过程中不发生显著过冷现象。添加某些成核剂可以降低材料的过冷度。

2) 具有良好的相平衡性质,不会产生相分离。

3) 有较高的固化结晶速率。

(3) 化学性质 化学稳定性好,与结构材料能兼容,无毒、不燃或难燃、对环境无污染。

(4) 经济性 来源较方便,价格低廉。

目前开发的相变材料存在的问题是过冷严重、易发生相分层,从而导致蓄热性能恶化、封装容器价格高等。

高导热系数复合相变储能材料具有适当的相变温度、较高的容积潜热和密度、相变前后体积变化小、导热系数高,以及较低的过冷度、良好的相平衡性质、高的固化结晶速率、材料的化学性质稳定、不易燃、无毒、无污染,来源方便、价格低廉等优点。

典型相变材料的物理性质见表6-3。

表6-3 典型相变材料的物理性质

类型	相变材料	熔点 /℃	潜热值 /(kJ/kg)	导热系数 /[W/(m·K)]
熔融盐	NaCl	800	492	5.0
	KNO_3	333	266	0.5
	KOH	380	150	0.5
	K_2CO_3	897	235.8	2.0
金属	$AlSi_{12}$	576	560	160
石蜡	23个碳	47.5	232	0.24
非石蜡类	硬脂酸	69.4	199	0.26
	棕榈酸	55	163	0.23
低共熔物	羊蜡酸-月桂酸	19.7	127	0.21

6.2.3 热化学蓄热

某些物质在一定的温度条件下会发生吸热的化学反应，生成另外一些物质。这些物质在另外一个相邻的温度下又会发生放热的逆向化学反应，还原成原来的物质。利用物质的这一特性所构成的蓄热体系，称为热化学蓄热。其蓄热量取决于材料的化学反应热 $\Delta_r H$、反应份额 α_r 和材料的质量 m。因此其蓄热量可表示为

$$Q = m\alpha_r \Delta_r H$$

一般说来，热化学反应的反应热 $\Delta_r H$，会比相变热 $\Delta_m H$ 或 $\Delta_e H$ 更大，所以热化学蓄热具有很好的研究开发潜力和应用前景。

（1）利用化学反应蓄热　化学反应蓄热是指利用可逆化学反应的反应热储存热能，用于蓄热的化学反应必须满足在放热温度附近的反应热大，可逆性好，正、逆反应速度快，反应物和生成物无毒性、无腐蚀性和可燃性，蓄热材料的价格低廉，来源广泛、易得，反应物质性质稳定，对容器的腐蚀性小等。

目前，化学蓄热材料和反应中，金属的氢化反应颇受关注。一般金属氢化物的标准生成焓都有较大的负值。如钙的氢化反应为

$$Ca(s) + H_2(g) \rightarrow CaH_2(s) \quad \Delta_r H = -186 \text{kJ} \cdot \text{mol}^{-1}$$

此反应放出的热量约为碳的标准燃烧热（$-394\text{kJ} \cdot \text{mol}^{-1}$）的一半。氢化反应的可逆性好，正反应与逆反应转化速率都比较快。蓄热时，将所需储存的热加热金属氢化物，使之分解为金属和氢气，两者分开放置。需用热时，只要将金属和氢气接触，适当地加压，就会生成金属氢化物而放出热量。这是相当理想的蓄热系统，但目前成本较高，且未完全解决安全问题，仍处于研究阶段。

（2）利用吸附过程蓄热　流体与具有多孔的固体颗粒相接触时，固体颗粒（即吸附剂）对吸附质的吸着或持留过程称为吸附过程。因吸附剂固体表面的非均一性，伴随着吸附过程产生能量的转化效应，称为吸附热。如用硅胶作为吸附剂，吸附水，把水的显热和吸附热（高于汽化热）储存起来，称为吸附蓄热。

在吸附蓄热系统中，所储存的是显热和吸附热，而且吸附热要比汽化热大。被储存的吸附热 Q_s 可表示为

$$Q_s = \rho_s V \int_q r_a(x_s) dx_s$$

式中，ρ_s 为吸附剂的密度（不含吸附质）；V 为蓄热器的容积；r_a 为吸附热速率；x_s 为吸附剂中吸附质的含量。

吸附蓄热系统的蓄热密度与吸附剂对吸附质的吸附热有关，同时也与运行温度有关。如果定义吸附材料与 20℃ 且绝对湿度为 0.010（kg 水）/（kg 干空气）的空气处于平衡状态时所储存的能量为零，就可对一些吸附材料的性能做出比较。表 6-4 是硅胶、活性氧化铝和分子筛的蓄热密度。与表中所列数据相对应空气温度为 20~80℃，绝对湿度为 0.010（kg 水）/（kg 干空气）。

表 6-4 吸附材料的性能比较

吸附材料	蓄热密度/MJ·m^{-3}		
	显热	吸附热	显热+吸附热
硅胶	35	616	651
活性氧化铝	29	573	602
分子筛	32	119	151

6.2.4 移动蓄热技术

移动蓄热技术是利用储热材料来储存热量,以解决热源与热量需要在空间分布不匹配的问题,满足热量供应的需要,将能量储存起来,并在需要时将其移动到其他位置使用的技术。它通常用于储存太阳能或地热能,以便在不同时间和地点供应热水、供暖或发电。

常见的移动储热技术包括下面几种。

(1)蓄热罐 利用特殊材料和绝缘层制成的大型容器,可以将热能储存在其中。当需要使用热能时,可以通过管道将储存的热能输送到目标地点。

(2)盐融储热技术 将盐类物质加热至高温状态时,其具有较高的储热能力。这种技术可以将热能储存为盐的熔融态,然后在需要时将其输送到其他地方使用。

(3)高温热电化学技术 利用化学反应将热能储存为化学能,然后在需要时将其释放。这种技术可以将热能储存为氢气或其他可燃气体,然后将其用于发电或供热。

(4)投料储热技术 将热能储存为固体颗粒,如岩石或陶粒,在需要时通过加热来释放热能。

移动储热技术可以提高可再生能源的利用效率,减少能源浪费,并实现能源在时间和空间上的灵活分配,在可持续发展和能源转型方面具有重要意义。

6.3 蓄冷技术

蓄冷技术是指利用材料在一定温度范围内的热特性进行的热转换过程,通常与制冷过程相协调,以达到把多余的冷量储存起来。

6.3.1 水蓄冷技术

水蓄冷技术是利用水的温差进行蓄冷,以空调的冷水机组作为制冷设备,以保温的蓄冷水槽作为蓄冷设备,如图 6-3 所示。水蓄冷系统可直接与常规空调系统匹配,无须其他专门

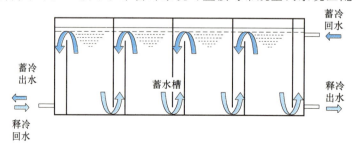

图 6-3 水蓄冷技术的工作流程

设备。由于这种系统只能储存水的显热，不能储存潜热，因此需要较大体积的蓄冷槽。

水蓄冷系统应用比较广泛，概括地讲，主要有以下优点。

1）可以使用常规的冷水机组，甚至可以使用吸收式制冷机组。常规的主机、泵、空调箱、配管等均能使用，设备的选择性和可用性范围广。

2）适用于常规供冷系统的扩容和改造，可以通过不增加制冷机组容量而达到增加供冷容量的目的。用于旧系统改造时，只需要增设蓄冷槽，原有的设备仍然可用，所增加的费用不多。

3）蓄冷、释冷运行时，冷冻水温度相近，冷水机组在这两种运行工况下均能维持额定容量和效率。

4）可以利用消防水池、原有蓄水设施或建筑物地下室等作为蓄冷容器来降低初投资。

5）可以实现蓄热和蓄冷的双重功能。水蓄冷系统更适宜于采用热泵系统的地区，可设计成冬季蓄热、夏季蓄冷，可提高水槽的利用率，具有一定的经济性。

6）其设备及控制方式与常规空调系统相似，技术要求低，维修方便，无须特殊的技术培训。

水蓄冷系统也存在一些不足，具体表现在以下几方面。

1）水蓄冷密度低，需要较大的储存空间，其使用受到空间条件的限制。

2）蓄冷槽体积较大，表面散热损失也相应增加，需要增加保温层。

3）蓄冷槽内不同温度的冷冻水容易混合，从而影响蓄冷效率。

4）开放式蓄冷槽内的水与空气接触易滋生菌藻，管路易锈蚀，需增加水处理费用。

水蓄冷系统储存冷量的大小取决于蓄冷槽容积和蓄冷温差。蓄冷温差是指空调负荷回流水与蓄冷槽供冷水之间的温度差。蓄冷系统可以通过维持较高的蓄冷温差来储存较多的冷量。温差的维持可以通过降低储存冷水温度、提高回水温度以及防止回流温水与储存冷水混合等措施来实现。典型的水蓄冷系统的蓄冷温度在 4~7℃之间。

在水蓄冷技术中，关键问题是蓄冷槽的结构形式应能防止所蓄冷水与回流热水混合。为实现这一目的，目前常采用自然分层蓄冷、多槽式蓄冷、迷宫式蓄冷和隔膜式蓄冷方法。其中自然分层蓄冷方法简单、有效，是保证水蓄冷系统较为高效和经济的方法。

6.3.2 冰蓄冷技术

冰蓄冷技术由来已久。在古代，大部分是藏冰，还有一种是制冰。最常见的是硝石制冰。冰蓄冷系统的制冰形式可以分为制冷剂直接蒸发制冰和利用载冷剂（盐水、乙二醇水溶液等）间接冷却制冰两种形式，如图 6-4 所示。

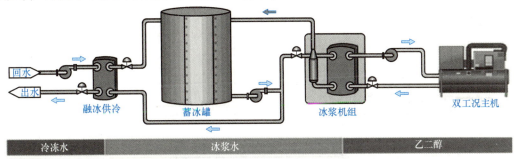

图 6-4 冰蓄冷技术的工作流程

图6-4中，制冷剂经压缩机冷凝成液态后，经过膨胀阀进入蓄冰槽盘管蒸发，蓄冰槽内的储水与盘管内的制冷剂热交换后降温，0℃时开始在盘管外表面上结冰，蒸发后的气态制冷剂回流到压缩机。随着蓄冰过程的进行，冰越结越厚，其蒸发温度会有所降低，制冷机的效率将会下降。因此，制冷剂直接蒸发式制冰系统的冰层厚度一般控制在30～50mm。

制冷剂直接蒸发式制冰方式以蓄冰槽代替蒸发器，节省了蒸发器的费用。在蓄冰过程中，制冷剂与冷冻水只发生一次热交换，制冷剂的蒸发温度较载冷剂间接制冰系统有所提高。但是，蒸发盘管长期浸泡在蓄冰槽内，容易引起管路腐蚀与泄漏。

6.3.3 共晶盐蓄冷技术

目前使用效果较好的有两种共晶盐，都是由水和硫酸钠共晶盐及添加剂调配而成的混合物。水和硫酸钠共晶盐可任意选择相变温度，通常具有较高的蓄冷和释冷温度（常用温度为8.3℃），单位蓄冷量所需的蓄冷体积约为$0.048m^3/(kW \cdot h)$，共晶盐相变时容器不发生膨胀和收缩。

水和硫酸钠共晶盐具有以下特点。

1）不过冷。
2）不层化。
3）可靠性、稳定性、耐久性等特性。
4）无毒、不燃。
5）完全为无机物，不会产生气体。
6）相变过程中优态盐密度不变，不会使盛装容器反复胀缩。
7）蓄冷的潜热容量不发生变化和不衰减。

共晶盐蓄冷空调系统可以按全部蓄冷和部分蓄冷策略运行。根据共晶盐蓄冷槽和冷水机组的相对位置关系，可以分为冷水机组位于上游的布置形式和冷水机组位于下游的布置形式。

图6-5a、b分别为冷水机组位于上游的共晶盐蓄冷系统和冷水机组位于下游的共晶盐蓄冷系统。由于冷冻水系统一般为开式系统，水泵的扬程必须考虑位差，在蓄冷槽的入口和出口要分别加装稳压阀和止回阀。蓄冷槽出口增压泵采用变流量可调节方式，采用稳压阀作为系统静压控制，在泵出口设止回阀，防止系统内的水倒流入蓄冷槽。

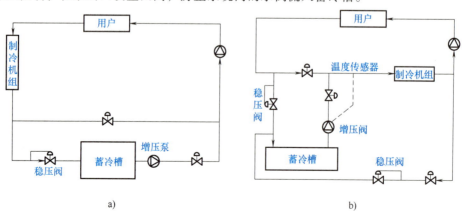

图6-5 共晶盐蓄冷系统的工作流程

a）冷水机组位于上游 b）冷水机组位于下游

共晶盐蓄冷系统的基本构成与水蓄冷类似,采用常规空调冷水机组作为制冷主机,采用共晶盐作为蓄冷材料,利用封闭在塑料容器内的共晶盐相变潜热进行蓄冷。与冰蓄冷相比,共晶盐可以在相对高的温度下进行相变,所以不需要乙二醇溶液等冷媒在制冷主机和蓄冷槽之间传输冷量,整个蓄冷系统大为简化。相对高的蓄冷温度也使制冷机的能耗大幅下降,从制冷机出来的冷冻水流过蓄冷槽内的共晶盐塑料容器,使塑料容器内的糊状共晶盐冻结进行蓄冷。空调启用时,再将从空调负荷端流回的冷冻水送入蓄冷槽,塑料容器内的共晶盐融化,使水温降低,送入空调负荷端继续使用。

6.4 蓄 电 池

6.4.1 铅酸蓄电池

1. 铅酸蓄电池的基本概念

铅酸蓄电池(Lead-Acid Battery,LAB)是指正、负极活性物质分别是铅和二氧化铅、由硫酸水溶液做电解液的二次电池。铅酸电池容量(Battery Capacity)是衡量电池性能的重要性能指标之一,它表示在一定条件下(放电率、温度、终止电压等)电池放出的电量,即电池的容量,用 C 表示,通常以安培小时为单位($A·h$,$1A·h = 3600C$)。图 6-6 所示为铅酸蓄电池示例。

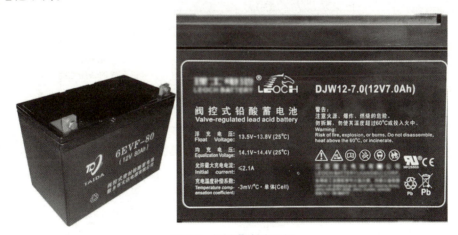

图 6-6 铅酸蓄电池示例

2. 铅酸蓄电池的分类

(1)按照用途分类 铅酸蓄电池按照用途主要分为起动用铅酸蓄电池、动力用铅酸蓄电池、固定型阀控密封式铅酸蓄电池和其他用途铅酸蓄电池。

1)起动用铅酸蓄电池用于各种汽车、拖拉机、柴油机、舰船舶和海上平台的内燃机起动、点火和照明,要求此类铅酸蓄电池起动时具有大电流放电、低温起动性能可靠、电池内阻小。

2)动力用铅酸蓄电池是为各种蓄电池车、铲车、矿用电机车、叉车等提供动力的蓄电池,要求此类铅酸蓄电池的极板厚、容量大。

3)固定型阀控密封式铅酸蓄电池用于发电厂、变电站、通信、医疗等机构,作为保护、自动控制、事故照明、通信的备用电源,要求此类铅酸蓄电池电解液稀、寿命长、浮充使用。

4）其他用途铅酸蓄电池包括小型阀控密封式铅酸蓄电池、矿灯用铅酸蓄电池等。
铅酸蓄电池按用途的分类具体见表 6-5。

表 6-5 铅酸蓄电池按用途分类

大类	序号	小类	备注
起动用铅酸蓄电池	1	起动用铅酸蓄电池	用于汽车、拖拉机、农用车点火、照明
	2	舰、船用铅酸蓄电池	用于舰、船发动机的点火
	3	内燃机车用排气式铅酸蓄电池	用于内燃机车的点火及辅助用电设备
	4	内燃机车用阀控式密封铅酸蓄电池	用于内燃机车的点火及辅助用电设备
	5	摩托车用铅酸蓄电池	用于摩托车的点火、照明
	6	飞机用铅酸蓄电池	用于飞机的点火
	7	坦克用铅酸蓄电池	用于坦克的点火、照明
动力用铅酸蓄电池	8	牵引用铅酸蓄电池	用于叉车、电瓶车、工程车的动力源
	9	煤矿防爆特殊性电源装置用铅酸蓄电池	用于煤矿井下车辆的动力源
	10	电动道路车辆用铅酸蓄电池	用于电动汽车、电动三轮车的动力源
	11	电动助力车辆用铅酸蓄电池	用于电动自行车、电动摩托车、高尔夫球车及电动滑板车等的动力源
	12	潜艇用铅酸蓄电池	用于潜艇的动力源
固定用铅酸蓄电池	13	固定型防酸式铅酸蓄电池	用于电信、电力、银行、医院、商场及计算机系统的备用电源
	14	固定型阀控式密封铅酸蓄电池	用于电信、电力、银行、医院、商场及计算机系统的备用电源
	15	航标用铅酸蓄电池	用于航标灯的直流电源
	16	铁路客车用酸铅蓄电池	用于铁路客车车厢的照明
	17	储能用铅酸蓄电池	用于风能、太阳能发电系统储存电能及太阳能、风能储存；路灯照明电源
其他用途铅酸蓄电池	18	小型阀控式密封铅酸蓄电池	用于应急灯、电动玩具、精密仪器的动力源及计算机的备用电源
	19	矿灯用铅酸蓄电池	用于矿灯的动力源
	20	微型铅酸蓄电	用于电动工具、电子天平、微型照明的直流电源

（2）按照荷电状态分类　铅酸蓄电池按荷电状态主要分为干式放电铅酸蓄电池、干式荷电铅酸蓄电池、带液式充电铅酸蓄电池、湿式荷电铅酸蓄电池、免维护铅酸蓄电池和少维护铅酸蓄电池。

1）干式放电铅酸蓄电池的极板为放电态，放在无电解液的蓄电池槽中，开始使用时灌入电解液，需要进行较长时间的初充电后方可使用。

2）干式荷电铅酸蓄电池的极板有较高的储电能力，放在干燥的充电态的无电解液的蓄电池槽中，开始使用时灌入电解液，不需要初充电即可使用。

（3）按照容量分类　按容量分类，铅酸蓄电池可分为 2V、4V、6V、8V、12V、24V 等系列，200~3000A·h 的 10 种容量型号，合适的蓄电池容量选择一直是工程建设人员主要关注的重点，容量选择不合适会导致建设或维护成本增加。

目前广泛使用的汽车铅酸蓄电池为 12V 和 36 V 汽车铅酸蓄电池。12V 实用化汽车电池是当前汽车使用较多的产品，但达不到作为汽车动力电源的要求。36 V 实用化汽车电池把大起动能力与耐深充放电结合在一起，可适当耐热和为汽车动力提供足够的能量。36V 电压有两种途径实现，一是 3 支 12V 电池配组，二是通过逆变器实现。另外，还可以根据铅酸蓄电池的制造方法分为浇铸板栅、拉网板栅以及铅布板栅等。

3. 铅酸蓄电池的材料

铅酸蓄电池主要由极板、电解液、隔板和电池槽等组成，如图 6-7 所示。

（1）上盖/顶盖　上盖/顶盖壳体采用耐酸、耐热和耐振的硬橡胶或聚丙烯塑料制成整体式结构，壳体内分成 6 个互不相通的单格，每个单格内装有极板组和电解液组成一个单格的蓄电池。壳体的底部有凸起的筋，用来支撑极板组，并使极板上脱落下来的活性物质落入凹槽中，防止极板短路。

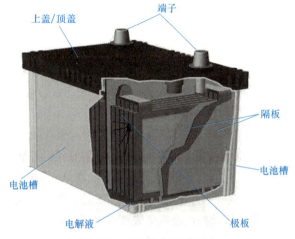

图 6-7　铅酸蓄电池的组成

（2）极板（板栅）　极板以铅锑合金为骨架，上面紧密地涂上铅膏，经过化学处理后，正、负极板上形成各自的活性物质，正极的活性物质是 PbO_2，负极的活性物质是海绵铅，在成流过程中，负极被氧化，正极被还原，负极板一般为深灰色，正极板为暗棕色。

（3）隔板　隔板有水隔板、玻璃纤维隔板、微孔橡胶隔板、塑料隔板等，隔板的作用是储存电解液、气体通道，使正、负极间的距离缩到最小而互不短路；隔板可以防止极板的弯曲和变形，防止活性物质的脱落。要起到这些作用，就要求隔板具有高度的多孔性、耐酸、不易变形、绝缘性能要好，并且有良好的亲水性及足够的机械强度。

（4）电解液　铅酸蓄电池一律采用硫酸电解液，是电化学反应产生的必需条件。

对于胶体蓄电池，还需要添加胶体，以便与硫酸凝胶形成胶体电解液，此时硫酸不仅是反应电解液，还是胶体所需的凝胶剂。一定浓度的硫酸配比一定浓度的硅凝胶，即成为软固体状的硅胶电解液。

充足电时，硫酸浓度为 35%~38%；完全放电时，硫酸浓度为 10%~15%。

$$Pb+PbO_2+2H^++2HSO_4^- \underset{充电}{\overset{放电}{\rightleftharpoons}} 2PbSO_4+2H_2O$$

（5）电池槽及槽盖　电池槽及槽盖为蓄电池外壳，整体结构，壳内由隔板分成 3 格或 6 格互不相通的单格；其底部有突起的筋条，用来搁置极板组；筋条间的凹槽用来堆放从极板上脱落下来的活性物质，以防止极板短路。电池槽的厚度及材料直接影响到电池是否鼓胀变形。外壳材料一般是用橡胶或工程塑料，如 PVC 或 ABS 槽盖。

4. 铅酸蓄电池的工作原理

（1）放电过程

1）放电前的状态。蓄电池在放电前处于完全充足电的状态，即正极板为具有多孔性的活性物质 PbO_2，负极板为具有多孔性的活性物质 Pb，正、负极板放在硫酸的溶液之中。

2）溶解电离产生电动势。

正极板：PbO_2 与硫酸作用，生成 $Pb(SO_4)_2$ 和 H_2O，其中 $Pb(SO_4)_2$ 不稳定，它又被分解成为 Pb^{4+} 和 $2SO_4^{2-}$，即

$$PbO_2+2H_2SO_4 \rightarrow Pb(SO_4)_2+2H_2O$$

$$Pb(SO_4)_2 \rightarrow Pb^{4+}+2SO_4^{2-}$$

Pb^{4+} 沉淀覆盖在正极板上，SO_4^{2-} 溶入电解液中。所以，正极板相对电解液具有+2.0V 的电位。

负极板：根据电极电位原理，金属 Pb 在硫酸溶液的溶解张力作用下，Pb^{2+} 溶解到电解液中，而负极上留下 $2e^-$，即

$$Pb \rightarrow Pb^{2+}+2e^-$$

所以，负极板相对电解液形成约-0.1V 的电位。由此可见，蓄电池将产生电动势 E，即

$$E=[2.0-(-0.1)]V=2.1V$$

3）放电。当外电路接通时，在正、负极板间的电场力作用下，负极板的电子 $2e^-$ 将沿着外电路定向移动到正极板形成放电电流。电极板上 4 价的铅离子将得到 2 个电子 $2e^-$ 变成 2 价的 Pb^{2+}，2 价的铅离子很容易与溶液中的 SO_4^{2-} 结合，成为较稳定的 $PbSO_4$ 附于正极板上，即

$$Pb^{4+}+2e^- \rightarrow Pb^{2+}$$

$$Pb^{2+}+SO_4^{2-} \rightarrow PbSO_4$$

负极板上由于失去了 2 个电子，Pb^{2+} 与 $2e^-$ 的束缚力消失，Pb^{2+} 很容易与另一个 SO_4^{2-} 结合，较为稳定的 $PbSO_4$ 沉附在负极板上，即

$$Pb^{2+}+SO_4^{2-} \rightarrow PbSO_4$$

（2）充电过程

1）充电前的状态。蓄电池充电前处于完全放电状态，而充电是放电的逆反应，充电的反应物就是放电的生成物。

2）溶解电离。$PbSO_4$ 虽然稳定，但仍属微溶性物质，微量的 $PbSO_4$ 溶解于电解液中，并进行电离，即

$$PbSO_4 \rightarrow Pb^{2+}+SO_4^{2-}$$

3）充电。

正极：在外电场力的作用下，使得正极板处 Pb^{2+} 失去 2 个电子，所形成的 Pb^{4+} 与 $2SO_4^{2-}$ 结合生成过硫酸铅，过硫酸铅再与水作用，生成 PbO_2 和 H_2SO_4，即

$$Pb^{2+}-2e^- \rightarrow Pb^{4+}$$

$$Pb^{4+}+2SO_4^{2-} \rightarrow Pb(SO_4)_2$$

$$Pb(SO_4)_2+2H_2O \rightarrow PbO_2+2H_2SO_4$$

负极：Pb^{2+} 获得从正极板过来的 2 个电子而变成 Pb，沉附于负极板上。

$$Pb^{2+}+2e^- \rightarrow Pb$$

5. 蓄电池充放电过程的结论

1）蓄电池在放电时，电解液中的硫酸将逐渐减少，而水将逐渐增多，电解液相对密度下降。

2）蓄电池在充电时，电解液中的硫酸将逐渐增多，而水将逐渐减少，电解液相对密度增加。

3）在充放电时，电解液浓度发生变化，主要是由于正极板的活性物质化学反应的结果，因此要求正极板处的电解液流动性要好。

4）在装配蓄电池时，应将隔板有沟槽的一面对着正极板，以便电解液流通。

6. 铅酸蓄电池的优缺点

（1）优点

1）工作电压高、可大电流脉冲放电，可以满足车辆起动和加速的功率要求，减少大功率电子控制器件的使用，提高了车辆能量的利用效率。

2）安全可靠。铅酸蓄电池易于识别电池荷电状态，可在较宽的温度内使用，放电时电动势较稳定。

3）易于保养维护，使用期间，只需要做简单的维护即可。

4）寿命较长，耐振和耐冲击性能好，不易损坏。

5）可循环使用。铅酸蓄电池在放完电以后，可以用充电的方法获得复原并再次使用，能充放电数百个循环，并且废旧蓄电池也可以通过修复、翻新的方法得到再次利用，既节约成本，又减少了旧电池对环境所造成的污染。

6）造价较低，原材料容易得到，取材方便，而且价格低廉。

7）原材料容易回收利用。铅酸蓄电池回收再生率远远高于其他二次电池，是镍氢电池和锂离子电池的 5 倍。

（2）缺点

1）过充电容易析出气体，在充电末期或过充电时，正负两极化学反应的超电动势增大。

2）腐蚀性强，铅酸蓄电池中硫酸液的溢出会腐蚀污染环境。

3）比能量（单位质量所蓄电能）偏低，实用质量比能量只有 10~50W·h/kg，远远低于理论比能量 170W·h/kg。这是由于铅酸蓄电池的集流体、集流柱、电池槽和隔板等非活性部件增大了它的质量和体积，但活性物质的利用率却不高。

4）循环寿命较短。虽然铅酸蓄电池循环寿命比镍镉电池和镍氢电池要高很多，但还是低于国际循环寿命指标值。影响铅酸蓄电池寿命的因素主要有热失控、环境温度、浮充电压、正极板栅的腐蚀、负极硫酸盐化、水损耗及超细玻璃纤维棉（AGM）隔板弹性疲劳等。

6.4.2 镍基二次碱性电池

镍是一种重要的第一过渡系金属元素。镍基正极材料在二次电池中的应用已经有超过 100 年的历史。从最早的镍基碱性电池（如镍-铬、镍-铁、镍-锌、镍-氢电池等）中的氢氧化镍电极，到目前主流的锂离子电池中的高镍三元正极材料。镍基碱性电池早在 1900 年被发现，到 20 世纪 90 年代中期，发展成熟的镍-金属、氢电池已经大规模应用于日本丰田普锐斯电动汽车上。然而，几乎在同一时间日本索尼公司首次实现了锂离子电池的商业化，并

分布式能源

很快代替镍-氢电池成为移动电子设备的主要二次电源。由于早期的锂离子电池主要采用钴酸锂作为正极材料，因此镍基材料在二次电源中的应用短暂地减少。然而近年来，以镍为核心组分的高镍三元材料以其高能量密度的优势成为纯电动汽车动力电池的主要正极材料，镍重新成为二次电池科研和产业的关注中心。镍基正极材料的核心优势在于镍离子具有良好的电化学性能，同时镍在地球中储量相对比较充分因此成本较低。

1. 镍-镉电池的型号

按照《含碱性或其他非酸性电解质的蓄电池和蓄电池组型号命名方法》（GB/T 7169—2011），电池型号命名采用汉语拼音字母与阿拉伯数字相结合的表示方法。单体电池型号的组成及排列顺序为：系列代号—形状代号—放电倍率代号—结构形式代号—额定容量。

镍-镉电池的系列代号为 GN，"G" 为负极镉的汉语拼音 "gé" 的第一个字母的英文大写，"N" 为正极镍的汉语拼音 "niè" 的第一个字母的英文大写。

关于电池的形状代号，开口电池不标注形状代号；密封电池的形状代号，用汉语拼音第一个字母的英文大写表示，Y 表示圆形，B 表示扁形，F 表示方形。全密封式电池在其形状代号的右下角加一个下标 "1"，如 Y_1、B_1 和 F_1 分别表示圆形、扁形和方形的全密封电池。

电池放电倍率代号用放电功率汉语拼音第一个字母的英文大写表示。D、Z、G、C 分别表示低、中、高、超高倍率放电。

常见镍-镉电池的型号及名称、应用见表6-6、表6-7。

表6-6 常见镍-镉电池的型号及名称

型号	名称及意义
GNY4	圆柱形密封镍-镉电池，容量为4A·h
18GNY500m	圆柱形密封镍-镉电池组，由18只容量500mA·h单体电池组成
GN20	方形开口镍-镉电池，容量20A·h
20GN17	方形开口镍-镉电池组，由20只容量17A·h单体电池组成
GNF20	方形全密封镍-镉电池，容量20A·h
36GNF30	方形全密封镍-镉电池组，由36只容量30h的单体电池组成

表6-7 常见镍-镉电池的应用

类型	特征	应用实例
普通型	高寿命，超过500次的充放电周期 免维护，操作简单如干电池，但需避免过放或过充 性能稳定，低度热敏管，可以应用于大范围温度条件	对讲机，无绳电话；量具，计算器；遥控汽车及其他电动玩具；摄影灯，探照灯；家用电器，如电动剃须刀等
消费型	高寿命，超过500次的充放电周期 大电流放电 可代替1.5V干电池，虽然标称电压为1.2V，但该类型电池完全可以应用于使用1.5V干电池的设备	家用电器，如电动剃须刀、录音机等；耳机立体系统，CD机，收音机；量具，计算器
高温型	优异的高温充放电性能，在35~70℃的高温下，仍拥有很高的小电流充电效率 高寿命及高可靠性 良好的耐过充性能	应急灯；导向灯

(续)

类型	特征	应用实例
高倍率放电型	优异的大电流放电特性:以 0.2C 放电的额定容量为基准,6C 放电可放出 90%,10C 放电可放出 85%	家用电器,如电动剃须刀、录音机等;耳机立体系统,CD 机,收音机;量具、计算器;其他高功率放电设备
	经济性及性能稳定性	

如图 6-8 所示为 3GNYG12 型镍-镉电池。

2. 镍-镉电池的结构与特性

按照电池结构和制造工艺的特点划分,常见的镍-镉电池分为有极板盒式(袋式)电池、烧结式电池、镍纤维式电池等。如图 6-9 所示为镍-镉电池的结构。

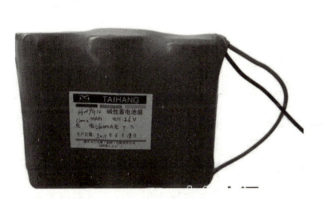

图 6-8 3GNYG12 型镍-镉电池

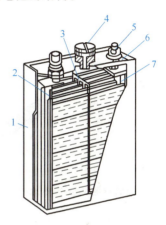

图 6-9 镍-镉电池的结构
1—外壳 2—负极板 3—绝缘棍
4—气塞 5—极柱 6—盖 7—正极板

(1)充放电特性 充电电流越大,充电电压越高;放电平台在 1.2 V 左右;镍-镉电池容量会随放电温度的升高而升高,同时放电倍率越小,电池容量越高。镍-镉电池的充放电曲线如图 6-10 所示。

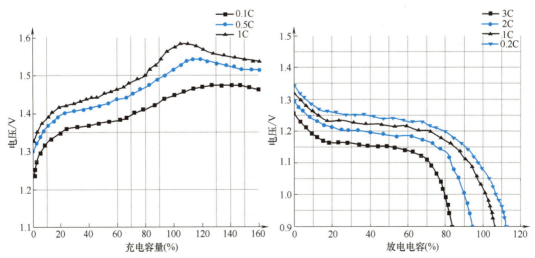

图 6-10 镍-镉电池的充放电曲线

(2)自放电特性和储存特性 自放电指电池在不对外界放电的情况下,内部进行自我放电。这是因为充电产生的 NiO_2 不稳定造成的。高温储存下电池自放电严重,储存能力会随着境温度的升高而减弱。不同储存温度镍-镉电池的保存容量曲线如图 6-11 所示。

(3)循环寿命 循环寿命指电池在一定的充放电条件下,容量跌至某规定值时(如初始容量的 70%)所经历的充放电次数。镍-镉电池的循环寿命长,保持在 400 次以上。镍-镉电池的循环寿命曲线如图 6-12 所示。

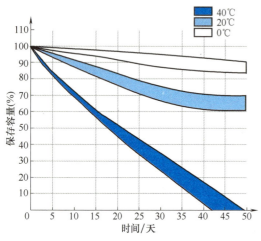

图 6-11 不同储存温度镍-镉电池的保存容量曲线

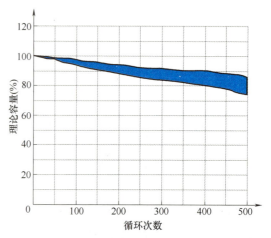

图 6-12 镍-镉电池的循环寿命曲线

(4)记忆效应 记忆效应,通俗说来是电池在没有完全放完电的情况下,对电池进行充电,会出现电池容量无法回到原来水平的现象。一般可通过再调节法来改善,如以小电流放电到 1V,再以小电流进行一次全充放,如此重复几次。

每当镍-镉电池充电时,在负极有氢氧化镉与电极作用,产生金属镉沉积于负极表面,放电时,负电极表面的金属镉反应形成氢氧化镉,这是溶解与沉积的反应。

当充放电不完全时,电极内的镉金属会慢慢地产生大结晶体而使以后的化学反应受到阻碍,导致电容量在实质的表现上减少,此即记忆效应。几次充电后进行一次放电,以防止记忆效应。

3. 镍-镉电池的工作原理

(1)开口式镍-镉电池 正极羟基氧化镍电极的一个特点是在充电开始后不久就有析氧副反应发生。当电极停止充电后,电极表面的 NiO_2 可进行分解。镉负极在较高的过电位下、过低温度或者过低电解液浓度下,都会引起镉电极钝化,原因主要是 $Cd(OH)_2$ 脱落后,在表面形成一层 CdO。因此,对于镉电极,只要严格控制镉电极的充电电流密度,就可以控制氢的析出。

(2)密封式镍-镉电池 密封式镍-镉电池电极反应机理与开口式一样,但它可以防止电解液外漏,而且在使用过程中不必加电解液和水,工作时不会析出气体。但是在过充电时,负极析氢、正极析氧,因此,密封式镍-镉电池一般加入过量负极活性物质消减析氢的影响,电池内部也有气室,便于气体的迁移,隔膜也要选用气体容易通过的,保障氧气迅速向负极扩散,这些都是维持密封式镍-镉电池内压稳定的一些方法。

4. 镍-镉电池的主要特征

1）高寿命。镍-镉电池可以提供 500 次以上的充放电周期，寿命几乎等同于使用该种电池的设备的服务期。

2）记忆效应。当镍-镉电池重复经过几次维持在低容量的放充后，如果必须做一个较大量的放电时电池会无法作用，这种情形称为记忆效应。

3）优异的放电性能。在大电流放电情况下，镍-镉电池具有低内阻和高电压的放电特性，因而应用广泛。

4）储存期长。镍-镉电池储存寿命长而且限制条件少，在长期储存后仍可正常充电。

5）高倍率充电性能。镍-镉电池可根据应用需要进行快速充电，满充时间仅为 1.2h。

6）大范围温度适应性。普通型镍-镉电池可以应用于较高或较低温度环境。高温型镍-镉电池可以在 70℃ 或者更高温度的环境中使用。

7）可靠的安全阀。由于密封圈使用的是特殊材料，再加上密封剂的作用，使得镍-镉电池很少出现漏液现象。

8）广泛的应用领域。通常使用的有标准型、消费型、高温型和大电流放电型等四大类镍-镉电池。

9）高质量、高可靠性。

6.4.3 锂离子电池

1. 锂离子电池的发展历史

锂离子电池是人类历史上最伟大的技术之一。如图 6-13 所示为锂离子电池的发展历史。自 1991 年初首次商业化至今，锂离子电池已经大大改变了人们的生活。而近些年来随着电极材料和制作工艺的不断改进，锂离子电池技术可能会决定人类能源的未来。电化学电池背后的基本概念是电子在两种材料（称为电极）之间的自发转移，这种材料能够在此过程中驱动负载（如灯泡或电机）。阳极被氧化（失去电子）、阴极被还原（获得电子），该反应由电极之间的电位差决定。具体来说，即阳极失去电子的电位和阴极获得电子的电位差。

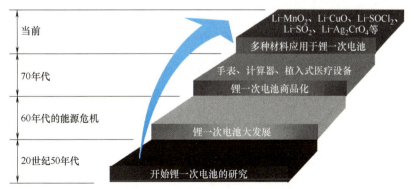

图 6-13 锂离子电池的发展历史

在商业化锂一次电池的同时，人们发现许多层状无机硫族化合物可以同碱金属发生可逆反应，这样的化合物统称为嵌入化合物，如图 6-14、图 6-15 所示。在嵌入化合物基础上，锂二次电池诞生了，其中最具有代表性的是 1970 年埃克森公司的 M. S. Whittingham 利用 Li-TiS 体系，制成了首个锂电池，但由于其枝晶所产生严重的安全隐患而未能成功实现商业化。

如图 6-14 所示为循环 100 次形成的锂枝晶图。如图 6-15 所示为 1977 年芝加哥车展上展出的 Li-TS 电池。

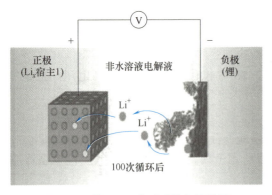

图 6-14　循环 100 次形成的锂枝晶图

图 6-15　1977 年芝加哥车展上展出的 Li-TS 电池

2. 锂离子电池的内部结构

锂离子电池包括四个基本组成部分,即电极、电解液、隔膜和外壳,具体见表 6-8。

表 6-8　锂离子电池的组成部分

类型	备注
电极	锂离子电池的核心部件,由活性物质、导电剂黏结剂和集流体组成
活性物质	活性物质指锂离子电池在充放电时释放出电能的电极材料,决定了锂离子电池的电化学性能和基本特性。包括正极材料和负极材料,正极材料有 $LiCoO_2$、$LiMn_2O_4$、$LiNi_{1-x-y}Mn_xCo_yO_2$、$LiCo_xNi_{1-x}O_2$、$LiFePO_4$ 等,负极材料有碳材料、合金材料和 $Li_4Ti_5O_{12}$ 等
导电剂	如乙炔黑等,可以提高电极的电导率
黏结剂	使颗粒状的正负极材料、导电剂能牢固地附着在集流体上。有聚偏氟乙烯、聚四氟乙烯、羧甲基纤维素钠、丁苯橡胶等
集流体	把活性物质中的电子传导出来,并使电流分布均匀,同时还起到支撑活性物质的作用,正极的集流体是铝箔,负极的集流体是铜箔
电解液	传导正负极间的锂离子,电解液影响着锂离子电池的比能量、安全性能、循环性能、倍率性能、低温性能和储存性能。目前商业化的锂离子电池主要采用的是非水溶液电解液体系,非水溶液电解液包括有机溶剂和导电锂盐
有机溶剂	电解液的主体部分,与电解液的性能密切相关,通常采用碳酸乙烯酯、碳酸丙烯酯、二甲基碳酸酯和甲乙基碳酸酯等的混合有机溶剂
导电锂盐	提供正负极间传输的锂离子,由无机阴离子或有机阴离子与锂离子组成,目前商业化的导电锂盐主要是 $LiPF_6$。目前,在锂离子电池的电解液中通常会加入一些功能添加剂,以改善电池的电化学性能
隔膜	置于锂离子电池正负极之间,防止锂离子电池正极和负极直接接触而导致短路,同时让锂离子通过。隔膜直接影响电池的容量、循环以及安全性能,性能优异的隔膜对提高电池的电化学性能具有重要的作用。锂离子电池一般采用高强度薄膜化的聚烯烃竖多孔膜,常用的隔膜有聚丙烯(PP)和聚乙烯(PE)微孔隔膜,以及丙烯与乙烯的共聚物、聚乙烯均聚物等
外壳	锂离子电池的容器,常用的外壳有钢质外壳、铝质外壳和铝塑膜等。通常要求外壳能耐受高低温环境的变化和电解液的腐蚀

3. 锂离子的工作原理

如图 6-16 所示,充电时,正极材料被氧化,锂离子从正极中脱出进入电解液中,同时溶解于电解液的导电锂盐中的锂离子在电解液中扩散,穿过隔膜,嵌入负极材料中,而负极材料被还原;放电时,负极材料被氧化,锂离子在负极中脱出进入电解液,再穿过隔膜嵌入正极材料,正极材料被还原。

以石墨材料为负极、$LiCoO_2$ 为正极的锂离子电池,其充放电反应可表示为

负极反应

$$6C + xLi^+ + xe^- \rightarrow Li_xC_6$$

正极反应

$$LiCoO_2 \rightarrow xLi^+ + Li_{1-x}CoO_2 + xe^-$$

电池反应

$$LiCoO_2 + 6C \rightarrow Li_{1-x}CoO_2 + Li_xC_6$$

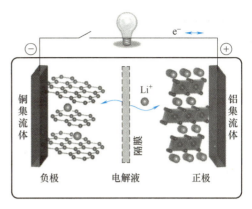

图 6-16 锂离子电池的工作原理

4. 锂离子电池的特性分析

锂离子电池的优缺点见表 6-9。

表 6-9 锂离子电池的优缺点

优点	缺点
能量密度高	内部阻抗高
开路电压大	
自放电小	工作电压变化较大
对环境友好	
无记忆效应	放电速率较大时,容量下降较大
安全性好	
循环寿命长	

锂离子电池与其他二次电池的性能比较见表 6-10。

表 6-10 锂离子电池与其他二次电池的性能比较

项目		锂离子电池	高容量 Ni-Cd 电池	Ni-MH 电池	铅酸蓄电池
体积比能量 /(W·h/L)	现在	240~260	134~155	190~197	50~80
	将来	400	240	280	
质量比能量 /(W·h/kg)	现在	100~114	49~60	59~70	30~50
	将来	150	70	80	
平均工作电压/V		3.6	1.2	1.2	2.0
使用电压范围/V		4.2~2.5	1.4~1.0	1.4~1.0	2.2~1.8
循环寿命 /次	现在	500~1000	500	500	500
	将来	1000	1000	1000	
使用温度范围/℃		-20~60	-20~65	-20~65	-40~65
自放电率/月		<10%	>10%	20%~30%	>10%

(续)

项目	锂离子电池	高容量 Ni-Cd 电池	Ni-MH 电池	铅酸蓄电池
安全性能	安全	安全	安全	不安全
是否对环境友好	是	否	否	否
记忆效应	无	有	无	无
优点	高比能量,高电压,无公害	高功率,快速充电,低成本	高比能量,高功率,无公害	价格低廉,工艺成熟
缺点	需要保护回路,高成本	记忆效应,镉公害	自放电大,高成本	比能量小,污染环境

6.5 其他蓄能技术

6.5.1 物理储能

物理储能是指通过特定的物理形式暂时储存能量,当需要时再快速释放出来的一种能量储存方式。物理储能对于平衡能源供应和需求、应对能源峰值和谷值需求以及提供备用能源具有重要作用。常见的物理储能技术如下。

1. 抽水蓄能

抽水蓄能（Pumped Storage Hydropower，PSH）是一种常见且可行的物理储能技术,通过利用水的高度差来存储和释放电能,广泛应用于电力系统中,用于峰谷电能调节、备用电源和频率调节等方面。抽水蓄能系统包括两座水库（一座高位水库和一座低位水库）以及连接两座水库的水轮机。当能源供应过剩或低谷时,水被抽到高位水库中。当能源需求高峰或低谷时,水通过水轮机从高位水库释放到低位水库,驱动发电机发电,将潜在能量转化为电能。

截至2017年5月,我国抽水蓄能电站装机容量达2773万kW,超过了日本,成为世界上抽水蓄能装机容量最大的国家。2018年,国家电网公司开建了河北易县、内蒙古芝瑞、浙江宁海、浙江缙云、河南洛宁、湖南平江6座总装机840万kW的抽水蓄能电站；由江苏省国信集团投资、总装机容量为150万kW的江苏溧阳抽水蓄能电站全面投产。2018年2月27日,国家能源局发布的海水抽水蓄能电站资源普查成果显示,我国海水抽水蓄能资源站点达238个,总装机容量可达4208.3万kW。抽水蓄能是目前电力系统中最成熟、最实用的大规模储能方式。它不仅是解决电网调峰问题经济而有效的手段,更是保证供电质量、提高供电可靠性的需要,同时还具有改善火电机组运行工况、降低全网运行成本、减少水电弃水、合理利用水电季节性电能等效益。

如图6-17所示,黑麋峰抽水蓄能电站位于湖南省望城区桥驿镇境内,工程枢纽主要由上水库、输水发电系统和下水库三大建筑物组成,装有4台单机容量为300MW的可逆式水轮水泵机组,总装机容量1200MW。

抽水蓄能具有以下优势。

（1）实现电力系统的有效节能减排

1）减少了火电机组参与调峰启停的次数,提高了火电机组负荷率并在高效区运行,降

图 6-17 湖南黑麋峰抽水蓄能电站

低了机组的燃料消耗。

2) 在经济调度情况下,低谷电由系统中煤耗最低的基荷机组发出,而高峰电由系统中煤耗最高的调峰机组发出。抽水蓄能电站用高效、低煤耗机组发出的电,替代低效、高煤耗机组发出的电,从而实现了电力系统的有效节能减排。

3) 具有适应负荷快速变化的特性,能够保障电力系统事故情况下的快速调节要求,从抽水工况到满负荷运行一般只有 2~3min,可以快速大范围调节出力。

(2) 提高电力系统安全稳定运行水平并保证供电质量

1) 抽水蓄能电站启停灵活、反应快速,具有在电力系统中担任紧急事故备用等任务的良好动态性能,可有效提高电力系统的安全稳定运行水平。

2) 抽水蓄能电站跟踪负荷迅速,能适应负荷的急剧变化,是电力系统中灵活可靠的调节频率和稳定电压的电源,可有效地保证和提高电网运行频率、电压稳定性。

3) 抽水蓄能电站利用其调峰填谷性能可以降低系统峰谷差,提高电网运行的平稳性,有效减少电网拉闸限电次数,减少对企业和居民等广大用户生产和生活的影响。

(3) 抽水蓄能电站可以配合其他大型发电站的发展 我国新能源资源与能源需求在地理分布上存在巨大差异,风电、光伏发电等新能源电源远离负荷中心,必须远距离大容量输送。风电受当地风力变化影响,发电极不稳定,对系统冲击非常大。抽水蓄能电站可以提高电力系统对风电等可再生能源的消纳能力。

(4) 高效能 抽水蓄能系统具有高效能的特点,其典型轮机效率可以达到 80% 以上,能高效地将电能转换为潜在能量和再次转换为电能。

(5) 大规模存储能力 抽水蓄能可以实现大规模的电能储存,水库的储能容量可以根据需求进行灵活调节。

(6) 高响应调节能力 抽水蓄能系统响应速度快,能够在很短的时间内启动,从而迅速调节供需匹配,满足电网的瞬态需求。

(7) 长寿命和可靠性 由于水是可再生的资源,抽水蓄能系统具有长寿命和可靠性,能够持续运营并提供稳定的电能。

（8）适应可再生能源　抽水蓄能系统与可再生能源（如风能和太阳能）的结合具有良好的配合性。它可以储存可再生能源的多余电力，并在需要时将其释放到电网。

尽管抽水蓄能技术在能源存储中具有很大的潜力，但其需要具备特定的地理条件，如拥有足够的水源、高度差和合适的地形，如图 6-18 所示。因此，在不同地区的可行性和实施可变因素较大。

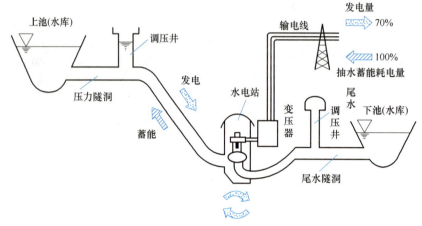

图 6-18　抽水蓄能电站示意图

2. 压缩空气储能

压缩空气储能（Compressed Air Energy Storage，CAES）是一种基于燃气轮机发展而产生的储能技术，以压缩空气的方式储存能量。储能时段，压缩空气储能系统利用风、光电或低谷电能带动压缩机，将电能转化为空气压力能，随后高压空气被密封存储于报废的矿井、岩洞、废弃的油井或者人造的储气罐中；释能时段，通过放出高压空气推动膨胀机，将存储的空气压力能再次转化为机械能或者电能。

压缩空气储能的工作原理是在用电低谷，电动机与压缩机相连，多余的电能驱动电动机和压缩机将空气压缩并存于储气室中，使电能转化为空气的内能存储起来，而膨胀机不工作；在用电高峰，压缩机不工作，高压空气从储气室释放，进入燃气轮机燃烧室燃烧并产生高温高压燃气，高温高压燃气进入汽轮机做功带动发电机发电。压缩空气储能示意图如图 6-19 所示。

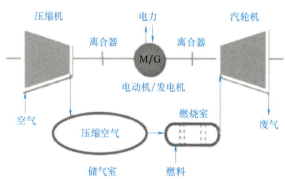

图 6-19　压缩空气储能示意图

压缩空气储能具有容量大、工作时间长、经济性能好、充放电循环多等优点,具体如下。

1)规模上仅次于抽水蓄能,适合建造大型电站。压缩空气储能系统可以持续工作数小时乃至数天,工作时间长。

2)建造成本和运行成本比较低,低于钠硫电池或液流电池,也低于抽水蓄能电站,具有很好的经济性。随着绝热材料的应用,仅使用少量或不使用天然气或石油等燃料加热压缩空气,燃料成本占比逐步下降。

3)场地限制少。虽然将压缩空气储存在合适的地下矿井或熔岩下的洞穴中是最经济的方式,但是目前压缩空气储存可以用地面储气罐取代溶洞。

4)寿命长,通过维护寿命可以达到40~50年,接近抽水蓄能的50年,并且其效率可以达到60%左右,接近抽水蓄能电站。

5)安全性和可靠性高。压缩空气储能使用的原料是空气,不会燃烧,没有爆炸的危险,不产生任何有毒有害气体。万一发生储气罐漏气的事故,罐内压力会骤然降低,空气既不会爆炸也不会燃烧。

压缩空气储能的分类如图6-20所示。根据压缩空气储能的绝热方式,可以分为非绝热压缩空气储能和带绝热压缩空气储能两种。同时根据压缩空气储能的热源不同,非绝热压缩空气储能可以分为无热源的非绝热压缩空气储能和燃烧燃料的非绝热压缩空气储能,带绝热压缩空气储能可以分为外来热源的带绝热压缩空气储能、压缩热源的带绝热压缩空气储能。

图6-20 压缩空气储能的分类

目前压缩空气储能在我国仍然处在探索阶段,技术尚未成熟,但是其系统规模大、储能成本低,尤其在我国风能、太阳能等可再生能源与消费中心地区严重逆向分布的背景下,压缩空气储能必将会在未来的电力系统中得到广泛的应用。

3. 飞轮储能

飞轮储能是利用互逆式双向电机(电动/发电机)实现电能与高速旋转飞轮的机械能之间相互转换的一种储能技术。飞轮储能和传统的化学储能不同,是一种纯物理的储能技术。在电力富余条件下,电机作为电动机驱动飞轮到高速旋转,电能转变为机械能储存;当系统需要时,飞轮减速,电机作为发电机运行,将飞轮动能转换成电能,供用户使用。飞轮储能通过转子的加速和减速,实现电能的存储和释放。飞轮储能系统示意图如图6-21所示。

飞轮储能特别适用于小容量、高频率充放电的操作环境。从整个系统的生命周期成本看，飞轮储能系统远低于电池储能系统，因此在航空航天、电力系统、电动汽车电池、不间断电源等多个场合中都有广泛的应用。飞轮储能具有以下优点：有较快的充放电速度；使用寿命较长，相对整个使用周期来说价格较低；储能过程干净、清洁，对环境无任何不良影响；系统稳定，储能能力不因外界温度等因素的变化而波动；具有很高的效率，总效率可以达到90%以上。

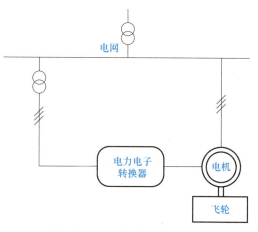

图 6-21　飞轮储能系统示意图

6.5.2　电化学储能

电化学储能是目前发展最快的储能技术之一，除铅酸、镍-氢、锂离子电池等常规电池技术外，还包括液流、钠硫等大容量蓄电池储能技术，并在安全性、转换效率和经济性等方面取得重大突破。

蓄电池的工作原理基于电化学反应。它由正极、负极、电解液和隔膜等组成。当电池充电时，化学反应将电能转化为化学能，将离子从正极迁移到负极。当电池放电时，化学反应将储存的化学能再次转换为电能，使离子从负极迁移到正极，产生电流。下面是几种常见的蓄电池类型。

1. 钠硫电池

钠硫电池（Sodium-Sulfur Battery，NaS）一般采用管式结构，以金属钠作为负极活性物质，单质硫作为正极活性物质，β-氧化铝内管同时起到隔膜和电解质的作用，原理示意图如图 6-22 所示。钠硫电池能量密度高，还具有无自放电、使用寿命长、原材料丰富的优势，非常适合在大规模储能领域中推广应用。

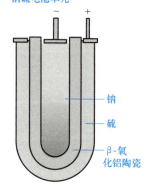

图 6-22　钠硫电池原理示意图

钠硫电池的优点如下。

1）高能量密度。钠硫电池具有较高的能量密度，相比于传统铅酸电池和锂离子电池，其能量密度更高。这意味着在相同体积或质量下，钠硫电池可以储存更多的能量。

2）长寿命。钠硫电池的循环寿命较长，可以进行数千次的充放电循环。这是因为钠硫电池使用固态电解质，减少了电解质降解的可能性，同时材料之间的反应速率较慢，延长了电池的寿命。

3）高温操作。钠硫电池需要在高温下工作，通常在 300～350℃。高温操作有助于提高电池的效能和反应速率，使其具备较高的功率密度。此外，高温下电解质的导电性也更好，有利于电池的性能表现。

4）可再生材料。钠硫电池使用的是钠和硫等常见元素，这些材料都是可再生和广泛存在的。相比于某些稀缺材料的使用，钠硫电池具有更好的可持续性。

钠硫电池的缺点如下。

1）高温操作要求。钠硫电池需要在高温下运行，这对于电池的设计和系统的控制提出了挑战。钠硫电池需要采取保温措施，并确保电池在高温下的稳定工作，这增加了系统的复杂度和成本。

2）安全性问题。由于高温操作和使用液态金属钠，钠硫电池在安全性方面存在一些挑战。如果不正确操作或出现故障，可能导致钠和硫的反应过程变得剧烈，甚至出现爆炸等安全隐患。

3）衰减问题。钠硫电池的能力随着循环次数的增加逐渐衰减，称为衰减效应。电池循环后，电极上会形成钠多硫化物（Na_2S_x）的堆积，导致电池容量减小和循环效率降低。

4）需要预热。由于高温操作需求，钠硫电池需要在启动前进行预热，以达到工作温度。这会增加电池系统的启动时间和能耗。

2. 全钒电池

全钒电池（Vanadium Redox Battery，VRB）采用V^{2+}/V^{3+}，V^{3+}/V^{4+}作为氧化还原电子对，通常以石墨作为电极，石墨-塑料板栅作为集流体。正、负极电解液分别装在两个储存容器里，利用送液泵使电解液通过电池循环，电池内正、负极电解液由质子交换膜隔开，电池外接负载和电源。全钒电池原理示意图如图6-23所示。

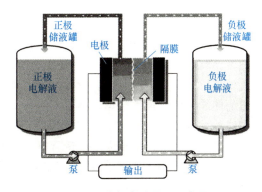

图 6-23 全钒电池原理示意图

全钒电池主要具有以下优点。

1）高安全性。全钒电池采用溶液中的钒离子进行储能，相比其他电池类型，如锂离子电池，它没有金属锂或其他易燃易爆材料。这意味着全钒电池更加安全可靠，不会出现严重的安全问题，如燃烧或爆炸。

2）长循环寿命。全钒电池的循环寿命非常长，可以达到数千次甚至上万次的循环充放电。这是因为钒离子在电极之间的溶液中进行储存和释放，而不会像其他电池那样发生材料的结构性损坏。这使得全钒电池非常适合需要高度循环稳定性和长寿命的应用场景，如储能系统。

3）可调节容量。由于全钒电池的电荷和放电是以离子溶液形式进行的，其容量可以根据需求进行灵活调整。通过增加或减少电解液中的钒离子浓度，可以实现容量的调节。这种特性使得全钒电池可以根据实际需求进行容量的定制，提供更灵活的能量储存解决方案。

4）高效能量转换。全钒电池具有较高的能量效率和功率密度。其能量转换效率通常为70%~80%，较高的能量密度使得全钒电池能够快速响应负荷需求，并且在短时间内释放大量能量。

5）可再生性和环保。全钒电池使用的是可再生的钒离子溶液，与其他电池类型相比，更加环保。此外，钒是一种常见的金属元素，不受供应限制，有利于实现可持续发展。

全钒电池的缺点如下。

1）较高的成本。全钒电池的制造成本相对较高。其中一个主要原因是使用纯净的钒和特殊的正、负极材料，这些材料较昂贵。此外，由于目前全钒电池的商业化程度相对较低，规模效应尚未充分发挥，也导致了成本上升。

2）大体积和质量。由于全钒电池需要液体电解质和大量的容器来分离正极和负极，所以全钒电池相对体积较大和较重。这使得在一些特定应用场景下，如移动设备或车辆等，体积和质量限制可能成为问题。

蓄电池的选择通常取决于应用需求、能量密度、循环寿命、成本和环境影响等因素。不同的蓄电池技术在不同领域具有各自的优势和限制。随着技术的进步，蓄电池的性能、安全性和可持续性将显著提高，产业化应用条件日趋成熟。

6.5.3 电磁储能

电磁储能是一种能量储存技术，通过将电能转化为磁能来实现能量的存储。它通常包括将电流通过线圈产生磁场，然后将磁场储存在磁体中。当需要释放存储的能量时，可以通过改变磁场或将磁场与电流耦合来将磁能转化为电能。

1. 超导储能

在磁场中放置一个超导体圆环，周围温度被降至圆环材料的临界温度以下，然后该磁场被撤去，圆环中便由于电磁感应而产生感应电流。只要温度一直处于临界温度以下，该感应电流就会一直持续下去。试验数据表明，这种电流的衰减时间超过 10 万年。显然这是一种理想的储能装置，称为超导储能。如图 6-24、图 6-25 所示分别为螺管形超导磁体、环形超导磁体。

超导储能的工作原理为正常运行时，电网电流通过整流向超导电感充电，然后保持恒流运行（由于采用超导线圈储能，所储存的能量几乎可以无损耗地永久储存下去，直到需要释放时为止）。当电网发生瞬态电压跌落或骤升、瞬态有功不平衡时，可从超导电感提取能量，经逆变器转换为交流，并向电网输出可灵活调节的有功或无功，从而保障电网的瞬态电压稳定和有功平衡。

图 6-24 螺管形超导磁体

图 6-25 环形超导磁体

超导储能装置是一种把能量储存于超导线圈的磁场中，通过电磁相互转换实现储能装置的充放电的先进储能方式。超导储能的优点是能量损耗非常小，因为在超导状态下线圈不具有电阻，而且它的主要存储性能也很好，几乎不会对环境造成污染；缺点是实现超导的温度非常低，因此，持续维持线圈处于超导状态所需要的低温而花费的维护费用就十分昂贵。维持低温的费用过高成为人们在选择长期能量储备方式时不得不考虑的因素，这样便限制了超导储能应用的普及。但是，超导储能仍然是许多科研工作者的研究方向。

2. 超级电容储能

超级电容是一种双电层电容器，它是目前世界上已投入量产的双电层电容器中容量最大的一种。超级电容的基本原理是利用活性炭多孔电极和电解质组成的双电层结构获得超大的容量。超级电容器的四大显著特点是使用寿命长、充放电效率高、环境适应力强、能量密度高,由此超级电容储能也是当今世界最值得研究的课题之一。

如图 6-26 所示为超级电容的轮胎式集装箱起重机。

图 6-26　超级电容的轮胎式集装箱起重机

3. 超级电池

为了集化学电池与超级电容的优点于一身,利用其各自的优点,研究人员试图发明两者的混合体——超级电池。超级电池的主要特点为成本较低、能量密度高、存储能量高、循环使用寿命长、环境适应能力强。虽然首批超级电池的循环寿命短、能量密度低,但相比超级电容坎坷的发展经历,超级电池的未来要明朗得多。

6.6　除　　湿

经过除湿的空气可以提供给建筑物作为新风,也可以作为过程加工的低湿工艺空气。除去湿空气中水分的方法有以下五种:冷却法除湿、液体吸收剂除湿、固体吸附剂除湿、转轮法除湿和膜法除湿。也可用多种方式组合这五种方法,构成新的除湿系统。具体采用哪种方法,要根据除湿空气的风量、压力、温度和空气的含湿量,结合具体的应用背景进行选择。表 6-11 为各种除湿方法的性能比较。

表 6-11　各种除湿方法的性能比较

操作方法	冷却法	液体吸收剂	固体吸附剂	转轮法	膜法
分离原理	冷凝/蒸发	吸收/解吸	吸附/脱附	吸附/脱附	渗透
除湿后露点/℃	-20~0	-30~0	-50~-30	-50~-30	-40~-20
设备占地面积	中	大	大	小	小
操作维修	中	难	中	难	中
处理空气量 /m³·min⁻¹	0~2000	100~2000	0~2000	0~200	0~100
生产规模	小~大型	中~大型	中~大型	小~中型	小~中型

(续)

主要设备	冷冻机、表冷器	吸收塔、泵、换热器	吸附塔、换热器、切换阀等	转轮除湿器、换热器	膜分离器、换热器
消耗能源类型	电	热	热	热	热和电
能耗	大	大	大	大	小

从表6-11可以看出，利用冷冻机的冷却法需要消耗电，而液体溶液吸收和转轮吸附等方法利用的是热且通常是低品位的热。如液体溶液吸收的热源温度只需要80~90℃。通常，分布式冷热电联产系统中有大量这样的低品位热。内燃机的缸套循环冷却水，还有被余热烟气型溴化锂机组利用过的排烟，都可以作为这些热驱动除湿设备的热源。理论上，空调降温过程中的湿负荷占到了30%~50%，也就是说相当多的冷量被用于凝结空气中的水。

传统空调系统采用冷凝除湿的方法，需要先将空气冷却到露点温度除湿然后再加热空气，以致增加了再热的能耗。而为了降低冷媒温度（通常为7℃），制冷机不得不降低蒸发温度，制冷效率随之降低。如果先将新风进行干燥处理，再用另外的系统处理空气显热，冷媒温度可以比常规系统提高约10℃，可提高制冷系统的COP。湿度独立控制的空调系统运行经济性主要体现在两个方面：①处理显热负荷的制冷系统的COP提高；②处理潜热负荷的新风机组可采用低品位热驱动。如采用湿度独立控制时，空调系统仅需要提供18℃的冷水，而传统空调则需要提供7℃的冷水。湿度独立控制的空调系统运行费用仅为电压缩制冷系统的60%~70%，具有良好的节能效果和经济性。

因此，分布式冷热电联产系统中低品位热除湿的结果，表面上是获得了低湿空气，实际上减轻了系统的冷负荷。有时这部分冷负荷是电压缩制冷得到的，这意味着分布式冷热电联产系统中的余热除湿，是用分布式冷热电联产系统的低品位热替代电力消耗，具有双重意义上的节能效果。

6.6.1 冷却法除湿

冷却法除湿是将空气冷却到露点温度以下，从而将冷凝水脱除的除湿方法。它包括喷水室除湿、表面式冷却器除湿和蒸发盘管除湿，是目前比较常用的除湿方法。由于常常需要再热，冷却除湿的能耗较高。

表面式冷却器（简称表冷器）除湿是利用冷水或制冷剂通过冷却器盘管，而空气流过盘管和肋片表面得到冷却，空气冷却到要求的露点温度后将其中水分脱除的除湿方式。图6-27所示为表冷器。

直接蒸发式表冷器的除湿系统属于独立式除湿，与一般冷冻装置没有太大的差别。其特点如下：

1）压缩机能够进行低露点除湿的运转，所以它的容量比较大。

图6-27 表冷器

2）在负荷变化时，要采取措施防止由于冷却盘管中未蒸发气体造成的带液问题（冷媒以液体状态回到压缩机）。

3）既要正确地调节处理空气的露点，又要合理地运转冷冻装置。

4）设置了控制出口温度的再热装置，可以用压缩机的排热作为它的热源（有的采用空气热交换器的自身再热方式）。

5）要使装置在低露点以下也可以进行除湿，就必须设置除霜装置。

6）夏季也能对高湿度的室外空气进行直接蒸发式表冷器除湿。

当冷冻机容量不太大时，直接蒸发式表冷器除湿机可以做成整体的，在标准状况下它的出口露点温度为5℃。当再热容量比较大时，则需要另外的辅助热源。

用于水冷式表冷器除湿的制冷机，主要有适合于中小容量的活塞式压缩机型冷水机组和大容量的离心式或吸收式制冷机，它们能提供5~7℃的专用冷水。

6.6.2 液体吸收剂除湿

液体吸收剂除湿是利用某些吸湿性溶液能够吸收空气中的水分而将空气脱湿的方法。液体吸收剂（除湿剂）除湿利用液体物质的吸湿性能，将空气中的水分吸收到液体中。这些液体物质具有亲水性，可以吸收周围空气中的水分。在使用过程中，液体除湿剂放置在一个密闭的容器中，通过通风管道将湿空气引入容器内，当空气中的水分接触到除湿剂时，水分被吸收并转化为液态水，从而减小空气中的湿度。

液体除湿剂的性能是影响除湿系统工作效果的关键因素，除湿剂应具备以下性质。

1）具有较高的溶解度，以减小除湿剂的耗用量。

2）具有较低的蒸汽压，以增大与湿空气之间的推动力。

3）操作温度下的黏度要低，以改善除湿塔内的流动状况，提高吸收速率，降低泵的功耗，减少传热阻力。

4）尽可能具有无毒性、无腐蚀性、不易燃、不发泡、冰点低、价格低廉和化学稳定性等特点。

表6-12对比了几种液体除湿剂的性能。可以看出，比较适合空气除湿的液体除湿剂有 LiCl 水溶液、LiBr 水溶液、$CaCl_2$ 水溶液、二甘醇和三甘醇等。然而，二甘醇和三甘醇是有机溶剂，黏度较大，在系统中循环流动时会有部分滞留，黏附于除湿系统内表面，从而影响系统的稳定工作。

表 6-12 几种液体除湿剂的性能

除湿剂	常用露点/℃	浓度（%）	毒性	腐蚀性	主要用途	性能说明
LiCl 水溶液	-10~-4	30~40	无	中	空调，杀菌低温干燥	沸点高，在低浓度时除湿性强，再生容易，黏度小，使用范围广
LiBr 水溶液		50~60	无	中	一般用于制冷剂	
$CaCl_2$ 水溶液	-3~-1	40~50	无	较强	城市煤气的除湿	
NaOH, $Ca(OH)_2$	-10~-4		有	强	工业用压缩气体的除湿	必须高温加热，操作很烦琐，用于分离 CO 和 H_2O

(续)

除湿剂	常用露点/℃	浓度(%)	毒性	腐蚀性	主要用途	性能说明
二甘醇	−15~−10	70~95	无	小	一般气体的除湿	沸点245℃,用简单的分馏装置就能再生,再生温度150℃,损失量很少
三甘醇	−15~−10	70~95	无	小	空调,一般气体的除湿	沸点238℃,有挥发性,无腐蚀性,用于空调除湿

6.6.3 固体吸附剂除湿

固体吸附剂除湿是利用某些固体吸附剂吸湿的方法除湿,又称为固体床吸附法,简称固体除湿。某些固体吸附剂对水蒸气有强烈的吸附作用,当湿空气流过由这些吸湿剂堆积而成的吸附床时,空气中的水蒸气就被脱除,达到除湿目的。常用的固体吸附剂有活性炭、硅胶、活性铝、分子筛、氯化钙等。

固体除湿是利用固体吸附剂对水蒸气分子的吸附作用。固体吸附剂吸附水分子后就丧失了吸附能力,需要加热脱附再生。吸附是指气体吸附质被吸附在固体吸附剂表面的过程。按照吸附质与吸附剂之间作用力的不同,吸附过程分为物理吸附和化学吸附。发生物理吸附时,吸附质与吸附剂之间作用力相对弱,认为吸附剂对吸附质没有选择性。在吸附剂的固体表面可以形成吸附质的多层吸附。然而,即使是物理吸附,吸附剂对吸附质仍有一定程度的选择性,这是因为对吸附剂的微孔通道进行控制,或对吸附剂微孔表面进行了特殊化学处理的缘故。

化学吸附指吸附质与吸附剂之间的作用力与化合物原子间的化学键相似,起因是被吸附分子与固体表面分子(原子)间的化学作用,在吸附过程中发生了电子转移或共有、原子重排以及化学键的断裂与形成等过程。化学吸附一般是单分子层吸附,吸附剂与吸附质之间有较强的选择性,而且差异较大。

一般活性炭优先吸附分子量大的碳氢化合物(如烃和石蜡具有相同的碳数,但活性炭却更容易吸附石蜡)。硅胶、活性铝等对水分、芳香族和不饱和碳氢化合物等具有较强的选择吸附性。合成沸石分子筛具有均匀细孔的笼形立体结构,因此具有筛分与细孔直径正好相等的分子选择性,特别是在低湿度下仍具有很强的吸湿性。

拓 展 阅 读

潘家口抽水蓄能电站是混合式抽水蓄能电站,位于河北省迁西县潵河桥镇上游10km处滦河干流上,如图6-28所示。电站设计总装机容量420MW,多年平均年发电量为5.64亿kW·h,其中,天然径流发电量3.56亿kW·h,抽水蓄能发电量2.08亿kW·h。电站用220kV输电线路向京津唐电力系统供电,起削峰填谷作用,每年发电1411h,抽水1071h。潘家口水利枢纽还是天津市、唐山地区城市生活及工农业供水的主要水源之一,并兼有防洪效益。

为什么要把能量储存起来?一句话概括,就是能量的产生和使用不一定同步。如风力发电、太阳能发电等可再生能源发电会因为天气、季节、地理位置的不同,存在不同时间尺度的间歇性，而用电需求也有波动性，时多时少。储能技术致力于解决这些问题。低成本、大规模的储能系统可以突破可再生能源即发即用、不能存储的瓶颈，就像一个"超级充电宝"，能够显著提高风、光等可再生能源的消纳水平。

随着技术的发展和成本的降低，储能系统在分布式能源及未来能源领域的应用前景非常广阔，并将对能源系统的可持续性和可靠性产生积极影响。储能系统可以在微电网中发挥关键作用。当微电网与主电网隔离时，储能系统可以提供备用电源，确保微电网的稳定运行。此外，储能系统还可以帮助微电网实现自主供电，减少对传统电网的依赖，也可以作为紧急备用电源，在突发情况下为关键设施提供紧急电力支持，如医院、通信基站、公安局等。储能作为重要的新兴产业，是构建新型电力系统、实现"双碳"目标的支撑力量。

图 6-28 潘家口抽水蓄能电站

第7章

冷热电联产系统应用案例

分布式能源是指分散布置在用户端能够直接满足用户需求的能源资源综合利用设施和系统。一次能源基本上以气体燃料为主，辅助以可再生能源，充分利用一切可供利用的资源；二次能源以分散布置在用户端能够直接满足用户需求的冷热电三联供为主，以满足其他中央能量供应系统为辅，实现用户多种需求的能量梯级利用，并为中央能量供应系统提供补充与支持；在环境保护方面，实现部分污染物资源化、分散化，以争取达到合理减少排放、努力循环利用的目标。分布式能源系统具有节能高效、清洁环保、削峰填谷、平衡负荷的特点，应用前景广阔。本章选取某医院分布式能源项目方案案例，分四步对其进行分析，包括全面了解做调研、琢磨思路找难点、利弊权衡定方案、安全稳定放在前。

7.1 全面调研

1. 项目概况

本项目方案仅考虑一期工程，预留二期项目扩建位置。泛能站工程为该医院提供电、冷、采暖热水、蒸汽、生活热水，并为医院用电增加保障。

2. 基础数据

医院分时段电价见表 7-1。

表 7-1 医院分时段电价

负荷阶段	分时段	电价/[元/(kW·h)]
尖峰（6—8 月）	10:30—11:30,19:00—21:00	1.2278
高峰	08:30—11:30,16:00—21:00	1.0910
平	07:00—08:30,11:30—16:00,21:00—23:00	0.7489
谷	23:00—07:00	0.4069
6—8 月	07:00—23:00	0.9456
其他月份	07:00—23:00	0.9199

天然气成本是低热值 8600kcal/m³，分布式能源方案气价 3.0 元/m³，传统方案气价 3.6 元/m³。水的成本是 5 元/m³，包括污水处理费。

本医院分布式能源项目方案案例供能时间为：供冷期 138 天，时间段为 5 月 16 日—9 月 30 日；供热期 141 天，时间段为 11 月 15 日—次年 4 月 5 日；蒸汽全年供应；热水全年供应。

3. 负荷分析

医院负荷分析见表 7-2。

表 7-2　医院负荷分析

	空调冷	空调热	生活热水	蒸汽
设计负荷	11234kW	8436kW	120t/天	4t/h
累计负荷	1990.84 万 kW·h/年	1023.5 万 kW·h/年	4.38 万 t/年, 229.2 万 kW·h/年	1.17 万 t/年, 894.2 万 kW·h/年
用能规律描述及其他说明	供冷期138天, 全天24h运行	供暖期141天, 全天24h运行	主要病房区使用, 全年全天候备用, 考虑80%入住率	主要用于消毒和餐饮

4. 典型日逐时冷热电负荷分布

典型日逐时冷热电负荷曲线如图 7-1～图 7-3 所示。

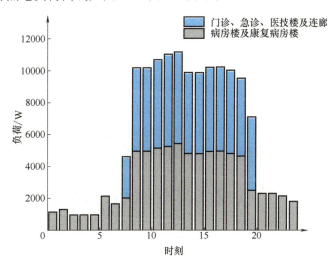

图 7-1　夏季典型日逐时冷负荷曲线

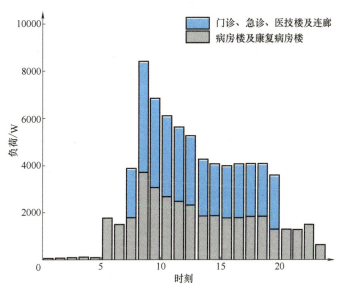

图 7-2　冬季典型日逐时热负荷曲线

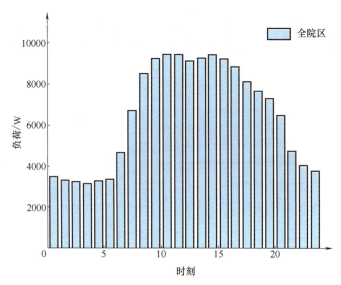

图 7-3 典型日逐时电负荷曲线

采用并网不上网方式,分布式发电系统与大电网相结合,作为大电网的有益补充,是节省投资、降低能耗、提高系统安全性和灵活性的重要方法,并将成为未来的发电技术。

选取 2004kW 规模的发电机组,满足医院基本负荷需求。

7.2 工艺思路和运行情况

1. 工艺思路

分布式能源系统中,燃气内燃发电机组保障医院不断电,增加用电安全;发电机及烟气热水型溴化锂机组主要满足医院基础冷、热、电需求,其他部分用调峰设备补充,力图合理匹配能源、提高能源使用效率、降低医院用能成本。

本项目方案分布式能源系统示意图如图 7-4 所示。

2. 运行策略

烟气热水型溴化锂机组夏季和冬季运行策略如图 7-5 所示。

燃气分布式能源系统是燃气先用来发电,余热中一部分缸套水热量通过板式换热器制备生活热水,其余缸套水及高温烟气经烟气热水型溴化锂机组夏季制冷、冬季制热,非谷时段运行,即发电机运行时间为 7:00—23:00。

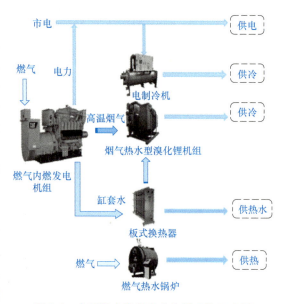

图 7-4 本项目方案分布式能源系统示意图

电制冷机是调峰设备,以满足高峰冷负荷。燃气热水锅炉也是调峰设备,以满足高峰热负荷。

第7章 冷热电联产系统应用案例

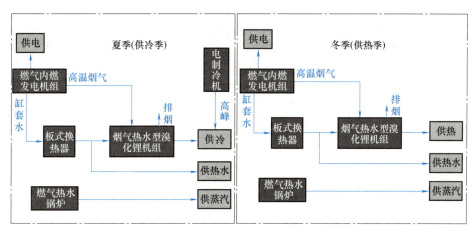

图 7-5 烟气热水型溴化锂机组夏季和冬季运行策略

3. 设备配置

本项目分布式能源方案及传统方案设备配置对比见表 7-3。

表 7-3 分布式能源方案及传统方案设备配置对比

方案	技术路线	设备名称	规格参数
分布式能源方案	燃气内燃发电机组+烟气热水型溴化锂机组+板式换热器+燃气热水锅炉+电制冷机	燃气内燃发电机组	发电量:1×2004kW
		烟气热水型溴化锂机组	制冷量:1×1580kW 制热量:1×1365kW
		板式换热器	制热量:1×1039kW
		燃气热水锅炉	制热量:4×2100kW
	燃气内燃发电机组+烟气热水型溴化锂机组+板式换热器+燃气蒸汽锅炉+电制冷机	电制冷机	制冷量:3×4200kW
		燃气蒸汽锅炉	蒸发量:2×2t/h
传统方案	燃气锅炉+电制冷机+备用柴油发电机	备用柴油发电机	发电功率:1×2000kW
		燃气热水锅炉	制热量:4×2100kW
		电制冷机	制冷量:3×4200kW
		燃气蒸汽锅炉	蒸发量:2×2t/h

4. 投资估算

本项目医院投资估算见表 7-4。

表 7-4 医院投资估算　　　　　　　　　　　　　　　　　（单位:万元）

序号	费用类型	设备/工程名称	分布式能源方案	传统方案
I	工程费用		3682.9	2360.5
		设备购置费	2352	1480
		安装工程费	470.4	370
		并网接入费用	150	
		泛能能效平台	200	
		燃气配套费	510.5	510.5

(续)

序号	费用类型	设备/工程名称	分布式能源方案	传统方案
Ⅱ	工程建设其他费用		376.3	236.8
Ⅲ	预备费		121.8	77.9
		总投资	4181	2675.2

为提高医院用电安全,在分布式能源方案中配置燃气发电系统,分布式能源方案总投资较传统方案增加1505.8万元。

燃气内燃发电机组报价参照进口品牌,如卡特彼勒、康明斯等,包含燃气蒸汽锅炉相关投资,未考虑机房土建费用。

燃气配套费的收取执行政府定价标准,按照27元/m³收取。

7.3 利弊权衡定方案

1. 系统运行费用

测算条件为气价3.0元/m³,电价0.9456元/kW·h(除6—8月外16h加权均价,平时段采用0.7489元/kW·h),如图7-6所示。

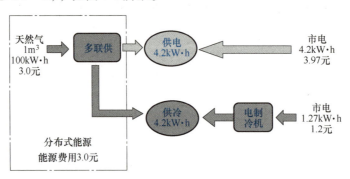

图7-6 运行费用

制冷量、耗电量和匹数按标准规定为:1匹=2500W制冷量;1匹的空调1h约耗电0.75kW,也就是说1匹的空调约耗电0.75kW·h。具体见表7-5。

表7-5 我国标准规定的匹数和耗电量对应表

匹数	耗电量	匹数	耗电量
1匹	2500W	2匹	5000~5200W
小1匹	2200~2300W	小3匹	5800~7100W
大1匹	2600~2800W	3匹	7500W
小1.5匹	3000~3300W	4匹	10000W
1.5匹	3500~3600W	5匹	12000W
小2匹	4300W~4800W		

测算条件为气价3.0元/m³,传统供能气价3.6元/m³,电价0.9199元/kW·h(除6—8月外16h加权均价,平时段采用0.7489元/kW·h),如图7-7所示。

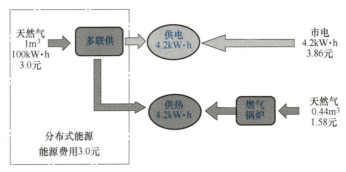

图 7-7 运行费用

2. 年综合指标

本项目投入运行后每年的供能量、耗能量等综合指标见表 7-6。

表 7-6 项目投入运行后每年的综合指标

序号	项目	单位	参数
1	发电机装机规模	kW	2004
2	余热额定供冷能力	kW	1580.5
3	最大供冷能力	kW	14180.5
4	余热额定供热能力	kW	1364.969
5	最大供热能力	kW	9764.969
6	年总供冷量	万 kW·h/年	1990.84
7	年总供热量	万 kW·h/年	1023.48
8	年供蒸汽量	万 t/年	1.168
9	年供热水量	万 kW·h/年	229.24
10	年天然气耗量	万 Nm³/年	387.34
11	年供电量	万 kW·h/年	849.86

3. 费用明细

本项目投入运行后各项费用明细见表 7-7。

表 7-7 项目投入运行后各项费用明细

项目	配套费/万元	能源使用费	
		单价	总价/(万元/年)
供电		0.9456/kW·h(6—8月) 0.9199/kW·h(其他月份)	789.0
供热	983.10	34.5 元/m²	652.3
供冷	800	34 元/m²	642.8
蒸汽	120	280 元/t	327.04
热水	40	32 元/t	140.16
合计	1943.10		2551.3

注:1. 供热配套费执行政府文件标准,按 52 元/m² 收取。
    2. 按供热季 141 天、供冷季 138 天计算。

4. 项目优势分析

经济效益方面，与传统供能方式相比，采用分布式能源方案每年的发电收益为 789 万元，每年节省运行费用 369.6 万元。由于分布式能源系统建在用户附近，可以大大减少供电线路方面的损失，同时也减少了高压、超高压输配电以及大型管网的建设、运行和维护等费用。相对于用户而言，比单纯使用高价天然气供热和向电网购买高价电力有着更好更直接的经济效益。

节能效益方面，与传统供能方式相比，分布式能源系统每年可节能 1281.3t 标准煤，减少 CO_2 排放 3152.1t，减少 SO_2 排放 96.1t，减少 NO_x 排放 48.1t。分布式能源系统能切实有效地实现能源的梯级利用，如冷热电联产供应方式，可使全系统燃料利用效率提升至 70%～90%，明显要高于传统的火力发电机组仅仅 35% 的燃煤发电利用率。

因此，采用分布式能源系统，不仅经济效益、环境效益好，而且有利于突出绿色环保形象，打造绿色医院。

7.4 系统安全性

本医院项目采用分布式能源方案的首要目的是增强医院能量供应的安全性，然后是降低能源开支。内燃机系统的余热包括两部分：烟气中的热量和缸套水中的热量。本项目利用内燃机的烟气产生热水，这部分热水温度较高，可用于单效吸收式制冷，也可用于供热；缸套水温度较低，选择使用这部分热量用于供热。由于可将多余的电力输送到公共电网上，本项目可以冷（或热）定电，不需要担心电力过剩问题，系统的潜力可以得到较好发挥。内燃机可以使用两种燃料，这也增强了系统对燃料的适应能力。

参 考 文 献

［1］ 金红光，郑丹星，徐建中. 分布式冷热电联产系统装置及应用［M］. 北京：中国电力出版社，2010.
［2］ 林世平. 燃气冷热电分布式能源技术应用手册［M］. 北京：中国电力出版社，2014.
［3］ 清华大学建筑节能研究中心. 中国建筑节能年度发展研究报告：2011［M］. 北京：中国建筑工业出版社，2011.
［4］ 沈维道，童钧耕. 工程热力学［M］. 5版. 北京：高等教育出版社，2016.
［5］ 吴仲华. 能的梯级利用与燃气轮机总能系统［M］. 北京：机械工业出版社，1988.
［6］ ALANNE K, SAARI A. Sustainable small-scale CHP technologies for buildings：the basis for multi-perspective decision-making［J］. Renewable and Sustainable energy reviews，2004，8（5）：401-431.
［7］ 陆耀庆. 实用供热空调设计手册［M］. 2版. 北京：中国建筑工业出版社，2008.
［8］ 戴瑜兴，黄铁兵，梁志超. 民用建筑电气设计数据手册［M］. 2版. 北京：中国建筑工业出版社，2010.
［9］ 郝小礼，陈冠益，冯国会，等. 可再生能源与建筑能源利用技术［M］. 北京：中国建筑工业出版社，2014.
［10］ 李传统. 新能源与可再生能源技术［M］. 2版. 南京：东南大学出版社，2012.
［11］ 喜文华. 被动式太阳房的设计与建造［M］. 北京：化学工业出版社，2007.
［12］ 袁振宏，吴创之，马隆龙. 生物质能利用原理与技术［M］. 北京：化学工业出版社，2016.
［13］ 李飞鹏. 内燃机构造与原理［M］. 2版. 北京：中国铁道出版社，2003.
［14］ 林汝谋，金红光. 燃气轮机发电动力装置及应用［M］. 北京：中国电力出版社，2004.
［15］ 陈光明，陈国邦. 制冷与低温原理［M］. 2版. 北京：机械工业出版社，2010.
［16］ 戴永庆. 溴化锂吸收式制冷技术及应用［M］. 北京：机械工业出版社，1996.
［17］ 马最良，吕悦. 地源热泵系统设计与应用［M］. 2版. 北京：机械工业出版社，2014.
［18］ 崔海亭，杨锋. 蓄热技术及其应用［M］. 北京：化学工业出版社，2004.
［19］ 樊栓狮，梁德青，杨向阳. 储能材料与技术［M］. 北京：化学工业出版社，2004.
［20］ 张立志. 除湿技术［M］. 北京：化学工业出版社，2005.
［21］ 华贲. 天然气冷热电联供能源系统［M］. 北京：中国建筑工业出版社，2010.